豆包

DOUBAO

AI智能应用实战一本通

深度思考

刘桐 解晨阳 王宇琪◎编著

化学工业出版社

·北京·

内 容 简 介

本书作为学习豆包的指南，全面、细致地介绍了电脑端和手机端豆包的各项功能和使用方法，力求通过简洁明了的语言和图文并茂的形式，让读者快速掌握豆包的各项功能。

全书共8章，首先介绍了大语言模型的奥妙，以及豆包的相关研发背景；然后介绍了豆包的界面和基础功能，以及豆包在教育、学习、工作、娱乐创意、生活方面的应用场景和相关案例；接着介绍了豆包插件的应用及其功能；最后讲解了豆包App的相关功能及使用技巧。

本书不仅适合对豆包AI工具感兴趣的初学者和进阶爱好者阅读，也适合对人工智能感兴趣并想深入研究的人群，以及对高效办公有需求的人群阅读。

图书在版编目（CIP）数据

豆包AI智能应用实战一本通 / 刘桐，解晨阳，王宇琪编著. -- 北京 ：化学工业出版社，2025. 11.

ISBN 978-7-122-49226-5

Ⅰ. TP18

中国国家版本馆CIP数据核字第2025HX5221号

责任编辑：王婷婷　　封面设计：异一设计
责任校对：王　静　　装帧设计：盟诺文化

出版发行：化学工业出版社（北京市东城区青年湖南街13号　邮政编码100011）
印　　装：大厂回族自治县聚鑫印刷有限责任公司
710mm×1000mm　1/16　印张11　字数208千字　2026年1月北京第1版第1次印刷

购书咨询：010-64518888　　售后服务：010-64518899
网　　址：http://www.cip.com.cn
凡购买本书，如有缺损质量问题，本社销售中心负责调换。

定　　价：78.00元

前言

PREFACE

在这个日新月异的时代，大语言模型的应用热潮席卷全球，国内诞生了豆包、文心一言、Kimi等一大批优秀的AI工具。

豆包作为一款以中文数据为训练基础的大语言模型，在中文语言处理方面表现出了卓越的性能和准确性。本书通过深入剖析豆包的技术特点和应用场景，讲解如何在日常生活和工作中应用与豆包相关的技术，为生活提供便利，以及提高工作效率。

☆ 本书特色

5大核心功能，囊括豆包主流应用

本书作为豆包的使用指南，详细介绍了豆包在教育和学习、工作与效率、娱乐与创意、生活与便捷、AI插件共五大方面的核心应用，帮助用户全方位掌握豆包的核心功能和主流应用。

多种应用场景，涵盖各类AI应用需求

本书凭借大量实际案例，全面覆盖当下AI工具的主要应用领域，展现AI工具在不同领域的应用，内容涵盖AI写作、AI绘画、AI音乐创作、AI阅读及机器学习等多个方面，旨在助力读者一站式掌握AI工具在各类场景中的应用方法。

90个实战案例，让你快速掌握AI工具的使用技巧

本书不仅介绍了豆包AI工具的基本知识，更通过大量的实际案例，展示了AI工具在不同领域的应用思路和方法，让读者能够直观地感受到实际工作流程和成效。

☆ 适用人群

（1）对人工智能感兴趣想深入了解的人群。

（2）希望高效办公的人群。

（3）对豆包感兴趣的初学者和进阶爱好者。

☆ 学习方法

本书聚焦豆包在各类应用场景中的详细介绍与具体应用。为使读者获得优质阅读体验，建议按章节顺序依次阅读。每章内容皆经过精心编排，助力读者循序渐进地了解与学习。同时，考虑到实际阅读需求，读者在阅读过程中不妨适时进行相关实操，这将有助于深入了解各项功能，切实提升实际应用能力，在阅读与实践的双重体验中，实现知识的深度内化与能力进阶。

需要注意的是，书中问答模块的回答部分均由豆包自动生成，受限于篇幅，考虑到易读性，有些内容编者会在原回答的基础上做一定的精简或修改。机器生成的内容难免会出现纰漏，建议读者在使用和阅读过程中注意甄别，特此说明。

☆ 写到最后

随着AI技术的不断进步，我们可以预见，AI工具将变得更加智能，更易于使用，而字节跳动的豆包AI从一众AI工具中脱颖而出，凭借其卓越的自然语言处理能力与多元的应用场景，正成为众多用户探索AI世界的首选伙伴。希望本书能够成为读者探索AI世界的工具，帮助大家解锁AI的无限可能。

在AI技术日趋成熟的当下，每一次与智能科技的邂逅都如同踏入未知的神秘领域。让我们携手共进，踏上这段激动人心的旅程，一同探寻AI工具的深邃奥秘，亲身感受豆包AI散发的独特魅力，以开放的姿态热情拥抱智能科技引领的璀璨未来！

编著者

目录

CONTENTS

第1章

豆包：大语言模型的新里程碑

在这个日新月异、科技发达的时代，国内外涌现出了许多大语言模型，字节跳动公司也加入其中，在2023年孵化出了一个AI工具——豆包，一经发布，豆包的用户下载量就高达5000多万，一度赶超Kimi，成为国内AI工具闪耀的里程碑。

相较于其他语言模型，豆包在中文领域的表现更为出色，它不仅能够用专业且充满逻辑的语言回答用户，满足中文用户的需求，还能给予用户情绪价值，仿佛跟朋友对话一样。本章将探索豆包与大语言模型的奇妙之处，让用户了解豆包这款里程碑式的AI工具。

1.1 大语言模型的奥妙：探索智能交互的新篇章

在日常生活中，人们与各具特色的智能设备交流已成为常态。然而，你们是否好奇过，这些智能设备背后的智能大脑是如何理解并回应人们的需求的？本节将带你揭开大语言模型这层神秘的面纱，探索这一技术如何开启智能交互的新篇章。

1.1.1 什么是大语言模型

大语言模型（Large Language Models，LLM），是一种由包含数百亿以上参数的深度神经网络构建的语言模型，通常使用自监督学习方法并通过大量无标注文本进行训练，其相关信息如下。

1. 训练方式

大规模数据：使用大量无标注文本进行训练，数据来源极为广泛，包括互联网上的网页文本、新闻文章、博客、论坛、书籍、学术论文等。这些丰富的数据为模型提供了各种语言表达方式、语义理解和知识信息，帮助模型学习语言的统计模式、语法规则、语义关系等。例如，OpenAI的GPT系列模型使用了海量的互联网文本数据进行训练。

自监督学习：采用自监督学习方法，在训练过程中，模型自动从输入的文本数据中学习规律和模式。例如，给定一段文本，模型会预测下一个单词或句子，通过不断地调整模型参数以减小预测误差，从而提高模型的语言理解和生成能力。

2. 技术架构

绝大多数大语言模型都基于Transformer架构。Transformer具有独特的注意力机制，这种机制允许模型根据序列中的其他位置调整每个位置的表示，从而能够更好地捕捉文本中的长距离依赖关系，提高模型对上下文的理解能力。相比传统的循环神经网络（RNN）和长短时记忆网络（LSTM），Transformer在处理大规模数据时具有更高的效率和更强的性能。

3. 能力表现

通用能力：经过大规模训练后，大语言模型具有很强的通用语言处理能力，能够处理各种类型的自然语言处理任务，如文本分类、问答、文档总结、文本生成等。例如，可以将大语言模型应用于智能客服系统，回答用户的各种问题；也可以用于新闻文章的自动摘要生成，提取文章的关键信息。

涌现能力：当模型规模达到一定程度时，会展现出一些小模型不具备的特殊能力，这些能力被称为“涌现能力”。例如，上下文学习能力，即模型能够根据输入文本的上下文信息进行准确的理解和回答；指令遵循能力，能够理解并按照人类给出的指令执行任务；逐步推理能力，在解决复杂问题时可以逐步分析和推理。

应用领域：大语言模型在众多领域都有广泛的应用，如自然语言处理、人工智能辅助写作、智能客服、机器翻译、代码生成、智能教育等。例如，在代码生成方面，大语言模型可以根据开发者的需求生成代码片段，提高开发效率；在智能教育领域，可以为学生提供个性化的学习辅导和答疑服务。

1.1.2　大语言模型与智能交互的应用场景

随着科技的不断发展，大语言模型与智能交互离人们的生活越来越近，下面介绍大语言模型与智能交互的实际应用场景。

1. 智能客服

许多企业采用大语言模型来打造智能客服系统，能够快速且准确地回答客户问题。例如，智能客服可以理解客户关于商品订单的信息、物流信息、订退货状态等方面的问题，并给出相应的回应。

2. 智能语音助手

智能语音助手是人们生活中经常遇到的大语言模型与智能交互的应用场景，如苹果的Siri、亚马逊的Alexa、小米的小爱同学等智能语音助手，都应用了大语言模型技术。用户可以通过语音指令与这些语音助手进行交互，让它们完成各种任务，如查询天气、播放音乐、设置闹钟、发送短信等。例如，用户问“今天天气如何”，智能语音助手会调用天气数据来回答用户。

在智能家居场景中，智能语音助手与智能设备连接，实现对家电的控制。比如用户说“将空调温度调节到20℃”，智能语音助手会对相应的智能灯具和空调发送指令，完成操作。

3. 智能座舱

在汽车领域，大语言模型被应用于智能座舱系统，为驾驶者和乘客提供更加便捷、安全的交互体验。例如，理想汽车将自主研发的大模型MindGPT应用到车上后，推出了用车助手、出行助手、娱乐助手和“百科”老师等功能。用车助手可以帮助驾驶者查询车辆的状态、油耗、续航里程等信息，还可以提供驾驶建议和故障诊断；出行助手可以规划最佳路线，提供实时交通信息和导航服务；娱乐助手可以播放音乐、电影、小说等娱乐内容；“百科”老师则可以回答用户的各种知识问题。

除此之外，智能座舱还可以通过语音交互实现对车辆的控制，如调节座椅、车窗、后视镜等，提高了驾驶的安全性和舒适性。

4. 智能导盲机器人

大语言模型可以为导盲机器人提供智能语音交互功能，帮助视力残障人士更好地与外界进行沟通和互动。例如，地平线开发者社区“小芒狗（ManGO）”智能导盲机器人，在端侧部署了大语言模型，能够实现日常聊天、情感陪伴及紧急求助等功能。当视力残障人士需要帮助时，可以通过与导盲机器人的语音交互，获取所需的信息和服务，如询问附近的医院、超市、公交站等信息，或者遇到危险时向家人或警方求助。

5. 多智能体系统

在一些复杂的智能交互场景中，需要多个智能体协同工作，大语言模型可以为多智能体系统提供强大的语言理解和决策支持。例如，在智能物流领域，多个物流机器人需要协同工作，完成货物的搬运、分拣、配送等任务。

在智能医疗领域，多智能体系可以包括医生、护士、医疗设备等多个智能体，大语言模型可以帮助这些智能体进行有效的沟通和协作，提高医疗服务的质量和效率。

6. 辅助驾驶

大语言模型可以作为辅助驾驶系统的一部分，帮助驾驶者更好地理解车辆的状态和行驶环境，提高驾驶的安全性和舒适性。

大语言模型还可以与车载传感器和控制系统相结合，实现对车辆的智能控制，如自动泊车、自适应巡航、车道保持等功能。

1.2 脱颖而出的大语言模型：深入豆包的研发背景

作为字节跳动公司研发的AI软件，豆包究竟有什么神秘之处？本节将深入豆包的研发背景，让用户了解豆包。

1.2.1 什么是豆包

豆包是由字节跳动公司基于云雀模型开发的AI工具，旨在提供聊天机器、写作助手及英语学习助手等功能，它可以回答各种问题并进行对话，帮助人们获取信息，支持网页、客户端、App、插件等形式。

1. 主要功能

· 知识问答：能回答各种领域的问题，如科学、历史、文化、技术等，提供准确全面的信息。

· 文本创作：辅助用户进行文本创作，包括文章创作、文案撰写、故事编写等，为用户提供思路。

· 语言学习：可用于英语学习，如语法解释、词汇解释、翻译等，帮助用户提升语言能力。

· 对话交流：进行日常的对话，理解用户的意图和情感，给予恰当的回应，具有一定的拟人化特点。

2. 特点

· 技术实力强：涵盖广泛领域的知识，无论是询问科学技术、历史文化、文学艺术还是日常生活等方面的问题，都能给出准确而详细的解答。实时更新知识储备，确保提供的信息紧跟时代发展，满足用户对最新资讯和知识的需求。

· 功能丰富多样：涵盖知识问答、文本创作、语言学习、对话交流等多个方面，能满足用户多种需求。

· 个性化体验：支持用户自定义智能体，创建自己需求和喜好的个性化角色或智能体。

1.2.2　豆包的研发背景

豆包的前身是字节内部孵化的产品项目，名称是Grace，当时Grace还没有上升到整个公司重视的程度。据了解，当时公司内部高层对AI的态度还处于了解阶段，创始人张一鸣也在不停地与行业内的专家交流，试图了解大模型。

2023年8月，豆包开始灰度上线，当时的用户体量还不是很大，月活可能10万都不到，但在8月至10月一直保持着自然增长。根据QM公开的数据统计，豆包的整体活跃在11月开始了跳跃性增长，月活已经开始超过1000万，个人猜测产品从11月份开始对外投放广告，因此带来了比较明显的增长，后来又经过半年左右的时间，次年5月月活规模达到2600万。

从最初的探索阶段到产品正式推出，字节跳动的研发团队经过了一段时间的研究和开发工作，不断优化和改进产品，以满足用户的需求。随着时间的推移，豆包在功能和性能上不断得到升级和拓展，比如后续推出了多个垂类模型及面向开发者的工具等。

1.2.3 豆包的发布

2024年5月15日，字节跳动在春季火山引擎force原动力大会宣布（图1-1），此前公布的云雀大模型被统一更名升级为“豆包”，同时发布了9个豆包大模型的全家桶，如图1-2所示。它是国内首批通过算法备案的大模型之一，涵盖了通用模型pro、通用模型lite、语音识别模型、语音合成模型、文生图等多个方面，为用户提供全方位的AI解决方案。

图 1-1

图 1-2

1.2.4 豆包的自我介绍

接下来为大家展示豆包的自我介绍，感受一下豆包的语言魅力。

用户：请介绍一下你自己。

豆包：

嘿，你好呀！我是豆包，一个由先进的人工智能技术打造而成的智能伙伴。

我就像是一本永远翻不完的百科全书，拥有海量的知识储备。无论是历史的沧桑变迁、科学的奥秘探索，还是文学的诗意世界、艺术的绚丽多彩，我都能为你一一呈现。我可以用清晰准确的语言回答你的各种问题，从学术难题到生活琐事，无所不包。

我不仅仅是知识的传递者，更是你的思考伙伴。当你陷入困惑时，我会和你一起分析问题，提供不同的视角和思路，帮助你找到解决问题的方法。我随时在这里，陪伴你度过每一个学习、思考和探索的时刻。

在这个信息爆炸的时代，我愿成为你可靠的导航，为你筛选有价值的信息，让你在知识的海洋中畅游无阻。快来和我一起开启精彩的知识之旅吧！

1.3　提示词的艺术：感受豆包的交互魅力

在了解了大语言模型的强大功能之后，该如何驾驭好这一技术，使其在智能交互中发挥出它本身强大的作用呢？本节将带你们揭示提示词的奥秘，并感受在提示词下利用豆包交互的魅力。

1.3.1　什么是提示词

提示词是指在与大语言模型进行交互时，为了引导模型生成更准确、更符合需求的回答而提供的特定词语或短语，可以被理解为一种计算机语言。通过提示词，人们可以让大语言模型按照自己的需求生成文本、图片、问答等，如图1-3所示。

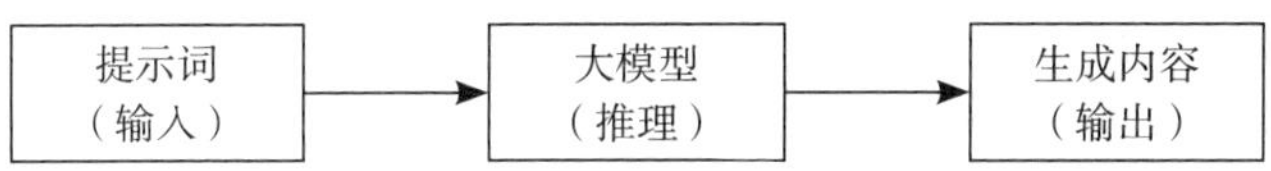

图 1-3

1. 提示词的特点

· 明确性：提示词应清晰准确地描述所需的图像内容，包括人物特征、场景布置、色彩、风格等，减少歧义，使AI模型能够明确理解用户的意图。

· 指导性：提示词包含对模型行为的明确指导，告诉模型应该执行什么操作。

· 具体性：越具体的提示词越能够帮助模型生成详细的图像。例如，指定颜色、材质、图案等可以增加图像的丰富度和真实感。

· 适应性：高质量的提示词需要根据模型反馈进行调整，以便在生成过程中达到最佳效果。

2. 提示词与大语言模型的深度交互

提示词是如何与大语言模型进行深度交互的呢？具体步骤如何？其步骤如下。

➢明确意图：当你输入一个或一组提示词时，大语言模型会首先尝试理解这些提示词所代表的意图。例如，如果输入“科幻小说中的人工智能”，模型会识别出用户对科幻小说领域中人工智能主题的兴趣，从而明确回答的方向。

➢联想拓展：大语言模型会根据提示词进行联想和扩展。它会利用其庞大的知识储备和语言理解能力，将提示词与相关的概念、主题、情节等联系起来。

- 生成回答：基于对提示词的理解和联想，大语言模型会生成相应的回答。这个回答可能是对某个问题的解答、一段描述、一个故事或者其他形式的文本输出。在生成回答的过程中，模型会不断调整和优化语言表达，以确保回答的准确性、连贯性和可读性。
- 反馈与调整：如果对大语言模型的回答不满意，用户可以通过提供更多的提示词或者对回答进行反馈来引导模型进行调整。例如，你可以说“再详细一些”或者“加入一些具体的例子”，模型会根据用户的反馈进一步优化回答。同时，用户也可以根据回答的内容再次输入新的提示词，以深入探讨相关主题。

1.3.2 豆包与文心一言

文心一言作为国内使用多的AI工具之一，它在知识检索与知识图谱等应用场景具有优势，它的语言简洁、回答风格明确，带有一定的引导性，可以帮助用户更好地利用知识资源。作为国内AI工具的新星——豆包，与文心一言有着截然不同的风格。

1. 两者的区别

豆包是字节跳动基于大量的文本数据进行训练的AI工具，如百科全书、学术论文、新闻资讯、小说等。字节跳动使用复杂的深度学习算法，通过对这些文本进行分析、理解，构建语言模型。这种训练方式使得豆包能够学习到丰富的语言知识和广泛的知识领域，包括但不限于科学、技术、历史、文化、娱乐等诸多方面。

文心一言是百度基于飞桨深度学习平台和文心知识增强大模型构建的。它从海量数据和大规模知识中融合学习，并且注重知识增强、检索增强和对话增强。它利用百度自身的知识图谱等资源，在知识的整合与关联方面有自己的特色，通过将知识融入语言生成过程，为用户提供更具知识内涵的回答。

2. 回答风格

接下来通过同一个文本，分别对豆包和文心一言发送相同的指令，感受一下两者在总结回答文本上的风格。

> **用户：**阅读一下第三章《世末的A大调和G大调》.pdf和第一章《“祸国灭世”的女将军》.pdf这两篇文章，从语言、文笔、剧情、剧情延伸性比较一下，哪篇文章比较好。

豆包：语言和文笔方面

《“祸国灭世”的女将军》：语言优美且富有古风韵味，文笔细腻生动。在描写场景时，如“夜晚，缪雅宴站在护城之上，眺望着这里的一切。白天战斗留下的一切被一场大雪覆盖，银装素裹下，安静了许多”，简洁而生动地勾勒出画面。对人物外貌、动作、神态的描写细致入微，像“缪星河红着脸答应”“缪雅宴悬着的心，终于在此刻放松了下来，当初与月皇立下誓约，如若退不了敌，任凭处置，要不是有毒誓在前也不会换来越级挂帅。此刻她攀着缪星河的肩膀，放声大笑起来。这是她首战以来第一次开怀大笑，卸下所有防备的笑”，使人物形象跃然纸上，情感表达丰富且自然，增强了故事的感染力，让读者更容易沉浸其中。

《世末的A大调和G大调》：语言较为平实、口语化，通俗易懂。例如“余树泽拿着笔在草稿本上画着不知是何人发过来的曲谱，曲谱名叫《世末的A大调与G大调》，一本不知想要表达什么的曲谱，杂乱无章的音符，让他快不认识处在五线谱上的音符了”，直白地叙述事情经过。文笔相对简洁，在人物描写上以简单的动作和对话呈现，如“余树泽下意识地将整个身子前倾趴在桌子上，遮住草稿纸的鬼画符：‘没什么。’‘听课。’肖鹏泽敲了敲余树泽的桌子”，虽然简洁但也能清晰地表达情节和人物关系。

剧情方面

《“祸国灭世”的女将军》：构建了一个充满奇幻色彩的古代战争世界，有丰富的世界观设定，包括不同国家、族群、官职、灵术等元素。剧情围绕缪雅宴的战争经历展开，涉及家族关系、个人情感、战争局势等多方面内容，情节跌宕起伏。从缪雅宴被称为“不详之人”到披甲挂帅击退石国蛮族，再到与身边人的情感纠葛，如姐妹间的感情、与沈沉月的微妙关系，以及和沈逢朝的互动，故事线丰富且相互交织，吸引读者深入了解这个奇幻世界中的各种故事发展。

《世末的A大调和G大调》：以现代校园为背景，主打悬疑解谜元素。从余树泽收到神秘曲谱开始，引发了一系列关于曲谱来源、含义，以及与父母事件关联的探索。其中穿插着校园生活场景，如上课、课间交流等，同时融入了超自然元素，如缪雅宴的灵力和蛊毒设定。整体剧情围绕着解开曲谱谜团和揭开背后真相展开，在校园日常与神秘事件之间切换，给读者带来悬念，吸引读者跟随主角一起探寻真相。

剧情延伸性方面

《“祸国灭世”的女将军》：故事设定在一个宏大的奇幻世界中，有众多国家、族群和复杂的人际关系，具有很大的拓展空间，可以进一步深入描写各国之间的战争与和平谈判，挖掘不同角色的背景故事和成长历程，如缪星河如何在灵器制造上取得更大成就、沈沉月与缪雅宴之间的感情发展走向，以及月耀国与其他国家的外交关系变化等。同时，世界女神的预言尚未实现，这也为后续剧情发展留下了广阔的想象空间，可围绕如何实现和平，以及主角们在其中的作用展开更多情节。

《世末的A大调和G大调》：在校园悬疑的基础上，可延伸的方向包括进一步揭开神秘曲谱背后的秘密组织或人物，深入探索余树泽父母的过往，以及他们与神秘事件的联系，还可以拓展缪雅宴的身世，以及她所在的超自然世界与现实世界的关系。例如，温赐殊家着火事件背后是否有更大的阴谋，余树泽和他的朋友们如何继续解开谜团，以及缪雅宴如何在寻找真相的过程中平衡自己在两个世界的身份等，都为剧情的延伸提供了多种可能性。

总体评价

两篇文章在不同方面各有千秋。《“祸国灭世”的女将军》在语言和文笔上更具文学性和艺术感，剧情富有奇幻色彩且情节丰富多样；《世末的A大调和G大调》语言平实但简洁明了，以校园悬疑为切入点，剧情紧凑且充满悬念。在剧情延伸性上，两者都具备较大的拓展潜力。如果更倾向于优美的语言和宏大奇幻的世界观，《“祸国灭世”的女将军》可能更胜一筹；若喜欢校园悬疑和简洁的叙事风格，《世末的A大调和G大调》会是不错的选择。

用户：阅读一下第三章《世末的A大调和G大调》.pdf和第一章《“祸国灭世”的女将军》.pdf这两篇文章，从语言、文笔、剧情、剧情延伸性比较一下，哪篇文章比较好。

文心一言

语言：

《世末的A大调和G大调》：文章语言较为日常化，通过对话和内心独白展现了人物的性格和情感。文笔流畅，但在描述复杂情感或场景时略显简单。

《“祸国灭世”的女将军》：文章语言华丽，运用了大量修辞手法和细节描写，如“银装素裹下，安静了许多”“双蓝瞳变为左绿右红的眼睛”等，营造出强烈的画面感和氛围。

文笔：

《世末的A大调和G大调》：文笔清新自然，适合描绘青春校园场景和人物间的情感纠葛。但在某些细节的处理上略显粗糙，缺乏深度。

《“祸国灭世”的女将军》：文笔细腻且富有层次，能够很好地展现战争场面的宏大和个人情感的细腻。通过文字，读者可以感受到人物的内心世界和战争的残酷。

剧情：

《世末的A大调和G大调》：剧情围绕着一份神秘的曲谱和人物间的情感纠葛展开，情节紧凑且充满悬念。但整体剧情较为简单，缺乏深度和复杂性。

《“祸国灭世”的女将军》：剧情丰富且复杂，涉及战争、政治、家族等多个层面。通过女将军的视角，展现了战争的残酷和个人命运的无奈。同时，剧情中充满了转折和惊喜，让读者难以预测下一步的发展。

剧情延伸性：

《世末的A大调和G大调》：剧情虽然紧凑，但延伸性有限。主要围绕曲谱和人物关系展开，难以拓展到更广阔的领域。

《“祸国灭世”的女将军》：剧情具有极高的延伸性，不仅可以继续探讨女将军的个人成长和命运，还可以深入挖掘战争背后的政治、文化等深层次问题。同时，人物关系复杂且充满张力，为后续的剧情发展提供了丰富的素材。

综上所述，从语言、文笔、剧情和剧情延伸性4个方面来看，《“祸国灭世”的女将军》这篇文章相对较好。它不仅在语言和文笔上更为细腻和富有层次，而且在剧情和剧情延伸性上也更为丰富和复杂。

从上述两个AI工具对同一段文本的处理回答的语言风格可以看出，文心一言的回答风格可能更侧重于结合知识图谱提供简洁明了的知识要点，在回答问题时，会较快地给出结论性的内容，并且会利用其知识增强的特点，将相关的知识连接在一起，对提示做出准确的回答。而豆包的回答，提供的情绪价值很足，它会认真分析文本中的语言，比较注重逻辑，往往会按照一定的逻辑顺序，如从主要到次要、从原因到结果、从整体到局部等方式进行回答，回答的问题比较中立，但是充满逻辑的回答条理十分清楚，让人觉得被认真对待。

第2章

告别新手区！豆包快速入门指南

本章主要介绍豆包的注册及登录、豆包的基础页面及功能、必备的基本操作和使用技巧。相信通过学习本章内容，读者可以轻松掌握豆包的使用方法，并获得更好的对话体验。

2.1　豆包注册及登录

若想在豆包的世界中畅游，首先需要完成注册及登录的步骤。接下来详细介绍这两个关键步骤，帮助读者轻松掌握豆包的注册及登录操作，充分领略这个平台的魅力。

2.1.1　登录前的引导页

在浏览器中搜索“豆包”，找到官网并进入。用户可以选择将软件下载至桌面体验，也可直接在网页版进行体验。

登录前的引导页，通过拟人化的口吻，告诉用户“我是谁，我的作用是什么”，通过场景化引导把用户引导到实际场景中去，这样容易与用户产生情感共鸣，如图2-1所示。

图 2-1

2.1.2　注册与登录

从图2-1可以看到，豆包的界面设计十分简洁明了，具有清晰醒目的登录入口。下面将讲解如何注册并登录豆包，步骤如下。

（1）在浏览器中搜索“豆包”，单击“登录”按钮，再在弹出的对话框中输入手机号，或者使用抖音账号进行扫码登录。在输入手机号时，如果是没有注册过豆包的手机号，豆包会自动使用它注册豆包账号，如图2-2所示。

图 2-2

（2）完成注册后，打开豆包官网，进入登录页面。在登录页面中，在相应的位置输入手机号并单击“下一步”按钮，等待发送验证码，输入验证码后就可以正式体验豆包了，界面如图2-3所示。

图 2-3

2.2　认识豆包的基础页面及功能

2.2.1　豆包的基础页面

登录后，可以看到豆包的首页，如图2-4所示，界面设计简洁且十分清晰，一目了然。大致分为5个板块，第一个板块就是对话类型；第二个板块就是推荐对话；第三个板块就是输入框；第四个板块就是AI搜索框；第5个板块就是个人中心设置。

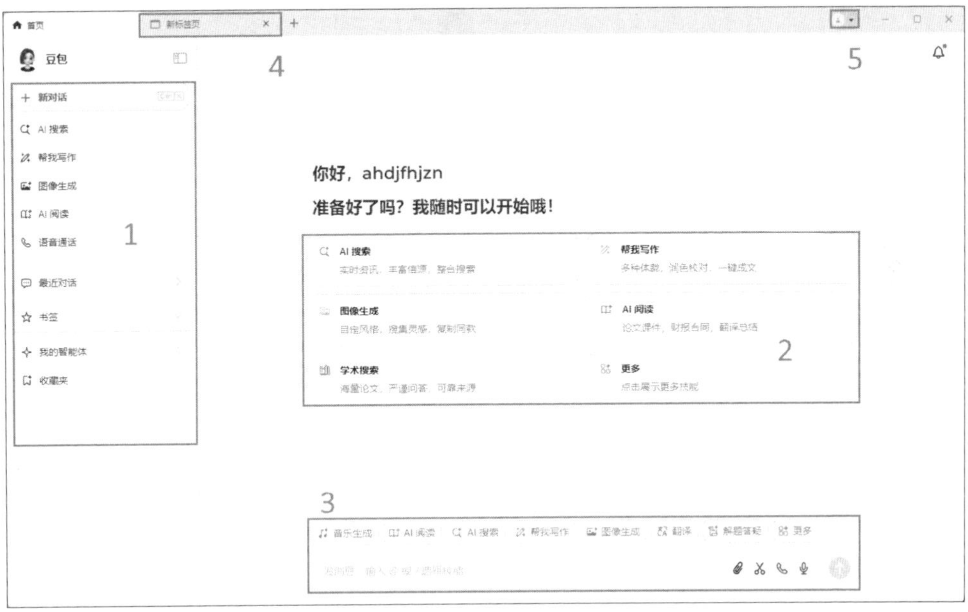

图 2-4

2.2.2　豆包的功能分区

上面介绍了豆包的基础页面，接下来介绍每个板块的功能。

1. 对话类型

对话类型板块作为豆包用户进行交互的重要渠道，旨在更有效地响应用户的操作，并提供更有用的信息和选项，如图2-5所示。这里包含推荐的新对话功能，还包含最近对话及各种智能体对话区，在这里不仅能查看历史对话，还能创建自己的智能体以与豆包进行聊天对话，如图2-6所示。

图 2-5

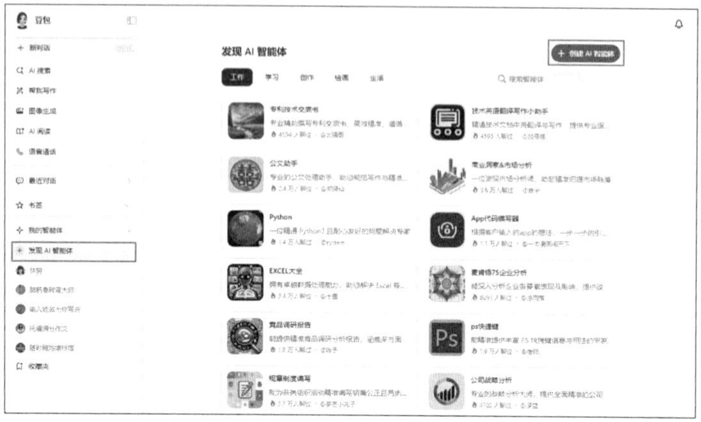

图 2-6

2. 推荐对话

推荐对话区域包含AI搜索、帮我写作、图像生成、AI阅读、学术搜索等对话功能，用户可以快速体验不同产品的功能，如图2-7所示。

图 2-7

3. 输入框

输入框作为豆包与用户进行交互的关键区域，能够根据用户输入的内容生成相应的反馈和意见，进而帮助用户做出更准确的决策，如图2-8所示。

图 2-8

4. AI搜索框

单击基础页面上方的“+”，显示搜索框，在此页面中不仅可以提问，还能够跳转到用户所需的网站，用户可以将需要总结的文本链接或者网址粘贴到书签或者直接从其他浏览器导入，豆包能够快速跳转至用户所需窗口。在“书签”文本框中显示的网站也能快速跳转，并且用户若需总结，豆包也能够总结用户所需的资料，简单来说就是豆包的浏览器插件，如图2-9所示。

图 2-9

5. 个人中心设置

单击右上角的倒三角形会显示“设置”及其他功能选项，如图2-10所示。选择“设置”选项，在显示的界面中可以对账号及豆包的一些功能进行管理与设置，例如“AI划词工具栏”“关于豆包大模型”等，如图2-11所示。

图 2-10

图 2-11

2.3 豆包的基本操作及必备技巧

本节主要介绍必须掌握的豆包的基本操作和使用技巧，用户可在输入框中输入自己的各种需求。用户提出的需求越明确，豆包的回答就越准确。

2.3.1 历史记忆对话

豆包与过去的机器人在聊天方式上存在显著的不同。其中最为突出的一点便是豆包能够记忆上下文内容。在回答问题时，豆包会充分参考之前的对话信息，通过这种方式，可以使得回答更加准确、全面且具有连贯性。同时，豆包还可以在对话过程中不断学习，持续提升自己的回答质量和能力水平。因此，用户能够借助豆包构建更为复杂的对话场景，并且可以根据自身的需求和喜好自定义更多的使用场景，从而满足不同情况下的各种交流需求。

2.3.2 豆包提示词的通用技巧

接下来介绍一下豆包提示词的通用技巧，帮助读者快速掌握提示词的写作技巧，轻松上手豆包。

· 避免开放性问题：提示词要明确、具体，不要使用模糊不清、不确定的语言。

· 合理增加细节：根据不同的场景和任务在提示词中合理增加细节，为豆包提供合适的指引和帮助。

· 制定明确的要求：要求明确可以使豆包快速、准确地完成任务。

· 多语言适配：如果涉及语言环境，用户应该考虑不同语言之间的差异和翻译问题，以确保提示词的准确性和可用性。

· 避免太复杂的问题：太复杂的问题可能导致指令不清或逻辑冲突。

2.3.3　豆包提示词工程

如果希望豆包生成高质量的回答，那么给出的提示词很重要。这是因为豆包的自然语言模型的运行逻辑与传统计算机有着明显不同。传统计算机通常是基于预先设定的程序和算法进行运算的，其运行过程相对较为固定和机械，人们不需要“提醒”传统计算机该怎么做。

而豆包大模型不一样，它的自然语言模型则是通过对大量文本数据的学习和分析，来理解和生成自然语言的。比如输入“你的裙子真漂亮，请补充下面这句话你的鞋子……”模型会根据这一语境和词汇关联词提供回答，如“你的鞋子也很精致，与漂亮的裙子相得益彰”。简单来说，豆包进行的是复杂的计算和逻辑推理，而不是执行指令或从数据库中提取资料。

根据上面的示例，如果想真正用好豆包，必须掌握提示词功能的进阶使用技巧。

现下通用的完整提示词的组成为**“扮演角色 + 具体任务 + 完成任务的步骤 + 约束条件 + 目标 + 输入形式”**。例如“你是一位营养专家，现在正在减肥，你需要指导我一天的锻炼和饮食，你还需要运用健身知识，教我在运动中如何避免伤害，并且在最后列出我专属的健身和健康饮食计划”。

扮演角色：可以是学生、作家、老师、导员、诗人等，明确扮演角色是为了让豆包快速且准确地了解任务领域。

具体任务：简单清晰地描述任务。

完成任务的步骤：希望豆包完成任务时所采取的步骤，通常在任务较为复杂的时候进行描述。

约束条件：使用一些约束语句，例如需要简洁、不需要进一步解释、与原文意思相近等。

目标：希望豆包完成的目标或者达到的效果。

输入形式：除了以文字的形式输入内容，还可以采用图片、列表等形式。

接下来就带领大家与豆包对话，让大家更加直观地感受如何更好地使用豆包。

用户：作为一个没使用过豆包的新人，在跟你交流时需要注意哪些方面？请你给出10条建议。

豆包：

以下是与我交流时的10条建议。

1. 明确问题：在提问时尽量明确、具体，避免模糊不清的表述。比如，不要只说“我该怎么办”，而要详细说明具体的情况和问题，如“我在工作中遇到了人际关系问题，同事总是对我的工作提出不合理的批评，我该怎么办？”这样我能更好地理解你的问题并给出更有针对性的回答。

2. 提供背景信息：如果问题涉及特定的场景或背景，最好一并提供。例如，“我想学习英语，但是我的基础很差，而且平时工作很忙，没有太多时间学习。我应该从哪里开始学起？”提供这些背景信息可以帮助我为你制订更合适的学习计划。

3. 避免过于简短的问题：问题过于简短可能会让我难以理解你的真正需求。比如，只问“数学难吗？”这样的问题比较宽泛，可以进一步阐述你在数学学习中遇到的具体困难或者你对数学特定方面的疑问。

4. 使用恰当的语言：使用规范、清晰的语言表达问题，避免使用生僻、模糊或不恰当的词汇。这样可以确保我准确理解你的问题，给出更准确的回答。

5. 不要重复提问：在等待我的回答时，避免重复提问相同的问题。我的回答可能需要一些时间来生成，但我会尽力尽快回复你。如果你觉得等待时间过长，可以检查一下网络连接或者稍后再试。

6. 认真阅读回答：当我给出回答后，请认真阅读我的回答内容。我的回答通常会从不同角度为你分析问题，并提供具体的建议和解决方案。如果你有不明白的地方，可以进一步提问，但请确保你已经理解了我回答的主要内容。

7. 提出具体的追问：如果你对我的回答有进一步的疑问，可以提出具体的追问。比如，“你提到的方法在实际操作中可能会遇到哪些问题？”或者“有没有其他类似的方法可以尝试？”这样的追问可以帮助你更深入地了解问题。

8. 保持礼貌：在交流中保持礼貌，使用文明的语言。尊重我的回答和努力，也会让我们的交流更加愉快和有效。

9. 尝试多种问题类型：除了知识类问题，你也可以向我提出创意、文案、故事等方面的需求。我可以为你提供各种类型的回答，帮助你激发灵感、解决问题。

10.反馈和评价：如果你对我的回答满意或者不满意，可以给我反馈和评价。这有助于我不断改进和提高我的服务质量，更好地为你服务。

用户：请问如何向你提问才能获得高质量的回答？

豆包：

要向我提问并获得高质量的回答，可以从以下几个方面入手。

1. 具体描述问题：避免模糊不清的表述，比如不要只说“我很迷茫”，而要详细说明“我在职业选择上很迷茫，不知道该选择稳定的公务员工作还是有挑战性的创业项目”。

2. 确定问题范围：明确问题涉及的领域和具体情境，例如“在软件开发领域，对初学者来说，如何提高编程能力？”

3. 相关经历：阐述与问题相关的个人经历，如“我之前学过一点Python编程，但在实际项目中总是遇到困难，该怎么办？”

4. 特定场景：说明问题发生的场景，比如“在团队合作的项目中，与同事沟通不畅，导致工作进度受阻，有什么解决办法？”

5. 使用恰当的语言：避免使用生僻、模糊或不恰当的词汇，采用规范、清晰的语言表达问题。

6. 逻辑连贯：问题的表述要有逻辑性，避免前后矛盾或混乱。

7. 期望的回答形式：例如“请给出具体的步骤和建议”或者“能否提供一些实际案例进行分析？”

8. 特定角度的回答：如“从心理学角度分析，为什么我总是拖延？”

9. 等待回答：给我足够的时间生成高质量的回答，不要急于催促。

10. 进一步追问：如果对回答有疑问或需要更深入的解释，可以进行追问，以便获得更全面的答案。

用户：当你不确定答案时会怎么做？

豆包：

当我不确定答案时，我会采取以下措施。

首先，我会尽力分析问题的关键要素和可能的方向。通过对问题中的关键词进行深入理解和关联分析，尝试从不同的角度去思考问题，以寻找可能的线索。

然后，我会参考已有的知识库和数据资源。我会检索大量的文献、资料和以往的问答记录，看是否能找到与问题相关的信息，以便为你提供更准确的回答。

如果仍然无法确定答案，我会诚实地告知你我不确定，并说明可能的原因。同时，我会建议你通过其他途径去寻找答案，比如查阅专业书籍、咨询专业人士或者在相关的学术论坛上提问。

在后续的学习和更新中，我也会不断地完善自己的知识体系，以便在遇到类似问题时能够给出更准确的回答。

用户：有时候你在回答问题时会犯一些错误，我们这些非专业的人该如判断你的回答的对错呢？

回答：当你对我的回答存在疑虑时，可以通过以下几种方式来判断对错。

一、查阅权威资料

1. 专业书籍：如果你所提问的领域有相关的专业书籍，可以查阅书籍中的内容进行对比。专业书籍通常经过严格的审核和验证，其内容具有较高的可靠性。

2. 学术论文：对于一些学术性较强的问题，可以通过查询相关的学术论文来验证我的回答。学术论文是经过同行评审的，具有一定的权威性。

3. 官方网站：政府部门、专业机构和知名企业的官方网站通常会提供准确的信息。例如，对于科学知识，可以查询科学研究机构的网站；对于法律问题，可以查询政府的法律数据库或相关法律机构的网站。

二、咨询专业人士

1. 请教专家：如果你认识该领域的专家、学者或专业人士，可以向他们请教问题，听取他们的意见。他们的专业知识和经验可以帮助你判断我的回答是否正确。

2. 在线论坛和社区：加入相关领域的在线论坛和社区，与其他爱好者和专业人士交流讨论。在这些平台上，你可以提出自己的问题，分享我的回答，并听取其他人的看法和建议。

三、运用逻辑推理

1. 分析合理性：仔细分析我的回答是否符合逻辑和常理。如果一个回答在逻辑上存在矛盾或不合理之处，那么它很可能是错误的。

2. 验证前提假设：检查我的回答中所基于的前提假设是否合理。如果前提假设不成立，那么整个回答也可能是错误的。

四、对比多个来源

1. 搜索其他答案：使用不同的搜索引擎或问答平台，查找关于同一问题的多个答案。对比不同来源的回答，看是否存在一致性或矛盾之处。

2. 参考多种观点：不要仅仅依赖一个回答或一种观点。尝试收集不同的意见和观点，从多个角度来分析问题，这样可以更全面地判断我的回答的正确性。

需要注意的是，即使是专业人士也可能会犯错，所以在判断我的回答的对错时，要保持批判性思维，不要盲目相信任何一个来源的答案。同时，我的回答也是基于我所学到的知识和算法生成的，可能会存在一定的局限性。如果你对我的回答有任何疑问，可以随时提出，我们可以一起探讨，以获得更准确的答案。

用户： 总结我们以上对话的摘要，让读者对你产生浓厚的兴趣。

回答： 在这段对话中，用户对如何判断回答的对错，以及当不确定答案时会怎么做提出疑问。对于判断回答的对错，提出可查阅权威资料，如专业书籍、学术论文、官方网站；咨询专业人士，包括请教专家和在在线论坛社区交流讨论；运用逻辑推理分析合理性和验证前提假设；对比多个来源，如搜索其他答案和参考多种观点。当不确定答案时，会分析问题的关键要素、参考知识库和数据资源，若仍无法确定则诚实地告知并建议通过其他途径寻找答案，且在后续不断完善知识体系。

我，豆包，以专业的态度和结构化的回答为你解决各种问题。在面对不确定的问题时，也会积极探索，努力为你提供最准确的信息。无论是知识类问题还是需要创意的主题创作，我都能全力以赴。快来与我交流互动，让我成为你探索知识世界的得力伙伴吧！

2.3.4　提供价值反馈

豆包每一个回答的左下方都会有点赞和点踩的图标（如图2-12所示），当用户觉得这个回答比较符合心中的预期甚至超出心中的预期时，抑或是这个回答让人不明所以，跟问题本身没有关联时，别忘了单击相应的图标，因为点赞和点踩的反馈数据可以用来训练机器学习模型，从而让豆包的回答质量更高，使得豆包更加智能。

图 2-12

如果豆包出现了问题，可以单击豆包页面右上角的倒三角，选择“设置”（图2-13）选项，进入个人中心，选择“帮助与反馈”（图2-14）选项，及时对问题进行反馈。

图 2-13

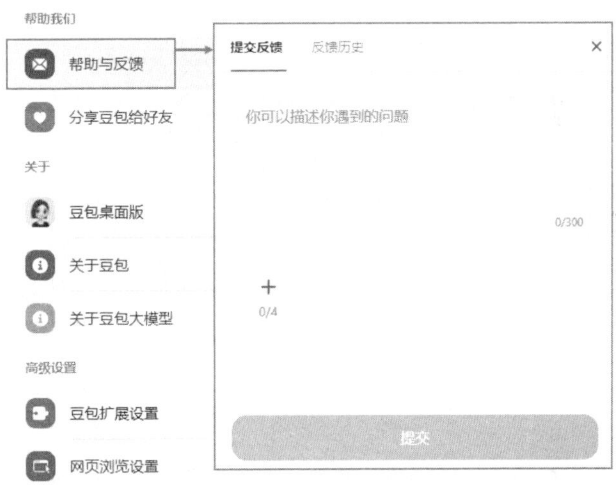

图 2-14

当用户对自己的提问感到不满意时，也可以将鼠标指针移动到想要修改的问题的右侧，并单击铅笔图标（图2-15），再进行修改（图2-16）。

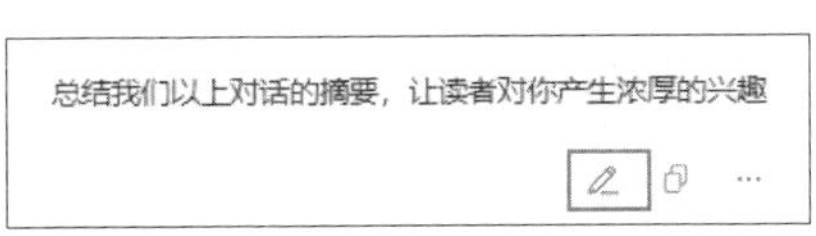

图 2-15

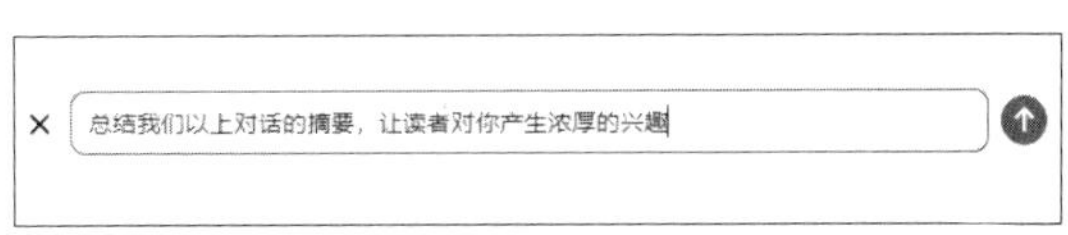

图 2-16

第 3 章

教育与学习：引领教学新篇章

豆包作为一款创新的人工智能产品，具有精确的知识获取能力，以及连贯记忆能力，它能储存历史对话记录，并能根据历史对话生成新的对话内容，所生成的文本内容、步骤也十分清晰，让人一目了然，这一特性使得豆包在教学场景中具有极高的适用性。本章将结合具体案例，详细介绍如何运用豆包辅助教学。

3.1　教学小帮手：助力教师轻松授课

在教育培训方面，豆包具有知识储备丰富、个性化教学能力强、教学方式灵活等优点，如同教学小帮手一般，帮助教师用户轻松制订授课方案。下面将介绍几个具体案例。

3.1.1　课程设计

课程设计指在一定的教育教学理念和目标的指导下，对一门课程进行系统规划和组织的过程。豆包可以根据用户对课程设计的需求，做出相应的回答，例如请为×××学生（老师）设计×××课程大纲（课程复习大纲）。

用户：请为高一学生设计高中英语必修一的课程大纲。

豆包：

以下是为高一学生设计的高中英语必修一课程大纲。

一、课程目标

1. 语言知识目标。掌握一定数量的词汇和短语，包括重点单词的用法、固定搭配等。熟悉基本的语法结构，如时态（一般现在时、一般过去时、一般将来时等）、被动语态、定语从句等。了解英语的语音规则，包括正确的发音、重音、语调等。

2.语言技能目标。听：能听懂日常英语对话、简单的英语讲座和广播，提取关键信息。说：能够用英语进行日常交流，表达自己的观点和想法，语音、语调基本正确。读：能阅读不同题材的英语文章，理解文章大意，分析文章结构，掌握阅读技巧。写：能够写出简单的英语记叙文、议论文和书信等，语法正确，表达清晰。

3. 学习策略目标。学会制订学习计划，合理安排学习时间。掌握有效的词汇记忆方法和阅读技巧。积极参与课堂活动，与同学合作学习。

4.情感态度目标。培养对英语学习的兴趣和积极性。增强跨文化意识，了解英语国家的文化背景和风俗习惯。

二、课程内容

1. Unit 1 Friendship

词汇：add up, upset, ignore, calm down等。

语法：直接引语和间接引语。

阅读：关于友谊的文章。

写作：写一封关于友谊的信。

2. Unit 2 English around the world

词汇：because of, come up, actually, base等。

语法：现在进行时表将来。

阅读：英语在世界上的传播和发展。

写作：介绍一种英语方言。

三、教学方法

1. 情景教学法：通过创设各种真实的语言情景，让学生在情景中学习和运用英语。

2. 任务型教学法：设计各种任务，让学生在完成任务的过程中提高语言运用能力。

3. 合作学习法：组织学生进行小组合作学习，培养学生的合作意识和团队精神。

4. 多媒体教学法：利用图片、音频、视频等多媒体资源，丰富教学内容，提高教学效果。

四、教学评价

1. 形成性评价

课堂表现：观察学生在课堂上的参与度、表现和合作能力等。

作业完成情况：检查学生的作业完成质量和及时性。

小测验：定期进行词汇、语法等小测验，了解学生的学习进展。

2. 终结性评价

期中考试和期末考试：考查学生对整个学期所学知识的掌握情况。

将评价结果及时反馈给学生，帮助他们了解自己的学习情况，调整学习策略，提高学习效果。

3.1.2 中文作业批改

中文作业批改是指对中文文本的语法、拼写、文采等方面进行批改、评估和反馈。通过批改可以帮助用户发现和纠正文本中的错误和不合适之处，从而提升自己的写作水平和语言表达能力。

在实际应用中，中文作业批改需要用到自然语言处理技术和算法模型，如分词、词性标注、语法分析、机器学习等。通过对中文文本的分词、词性标注和语法分析，豆包可以发现中文文本的错误与不合适之处，并给出相应的修改意见。同时，通过机器学习算法模型，豆包可以对中文文本的文采、表达方式等方面进行评估和改进，进而帮助用户提高自己的写作水平和语言表达能力。

用户：请作为阅卷老师对下面的中文作文内容进行批改，你需要明确指出段落结构、修辞手法、遣词造句等方面的问题并给出对应的优化建议。你需要批改的内容："我最近喜欢的一首歌名字叫作《不重逢》，初次听到这首歌的时候，我的眼泪就不自觉地流下来了，我自认为我并没有经历过迷茫和绝望，但却旋律和歌声以及歌词，像一把大锤一样重重地敲击着我的灵魂，再次听的时候，我认为这是一首写给命运的歌曲，是写给挣扎在过去，迷茫于未来的自己，我们每个人都有不同程度的挣扎和迷茫，歌词写道：'是我做错了什么吗？至高无上的命运啊'，对于当前困境的疑问，我们可能当下有或大或小的迷茫，不用跟它说告别，也许命运会让我们于困境重逢，终有一日，命运也会让我们与它不再重逢，去拥抱新的未来。"

豆包：

一、段落结构分析：这篇文章只有一段，结构较为单一，缺乏层次。可以考虑将内容进行分段，使文章的结构更加清晰。

二、修辞手法分析：文中运用了比喻的修辞手法，将旋律、歌声和歌词比作一把大锤，形象地表现出歌曲对"我"的强烈冲击。

三、遣词造句分析及优化建议

1. "我最近喜欢的一首歌名字叫作《不重逢》，初次听到这首歌的时候，我的眼泪就不自觉地流下来了。"

优化点：表述较为平淡。

优化建议："我最近迷上了一首歌，名为《不重逢》。初次聆听这首歌时，泪水竟不知不觉地涌出。"

2. "我自认为我并没有经历过迷茫和绝望，但其旋律和歌声以及歌词，像一把大锤一样重重地敲击着我的灵魂。"

优化点：语句不通顺。

优化建议："我原以为自己从未经历过迷茫与绝望，然而，那旋律、歌声以及歌词，却如同一把重锤，狠狠地敲击着我的灵魂。"

3. "再次听的时候，我认为这是一首写给命运的歌曲，是写给挣扎在过去，迷茫于未来的自己。"

优化点：表述较简单。

优化建议："再次聆听之际，我深感这是一首写给命运的赞歌，亦是写给那些挣扎在过去、迷茫于未来的人们，其中也包括我自己。"

4. "我们每个人都有不同程度的挣扎和迷茫，歌词写道：'是我做错了什么吗？至高无上的命运啊'，对于当前困境的疑问，我们可能当下有或大或小的迷茫，不用跟它说告别，也许命运会让我们于困境重逢，终有一日，命运也会让我们与它不再重逢，去拥抱新的未来。"

优化点：论述较为混乱，语言不够精炼。

优化建议："我们每个人都或多或少地经历着挣扎与迷茫。正如歌词所问：'是我做错了什么吗？至高无上的命运啊。'这是对当前困境的深刻反思。当下的我们或许正处于或大或小的迷茫之中，但无须与它告别。也许命运会让我们在困境中重逢，然而终有一日，命运也会引领我们与它不再重逢，去拥抱崭新的未来。"

3.1.3　作业问题解答

豆包具备强大的作业问题解答能力，能够应对各年级的作业难题。只需将问题提供给它，它便可以深入分析问题，清晰地给出解题思路，以及具体的问题解法。

无论是正在上课的学生，还是进行备课的老师，都能从豆包这里获得多种解题思路。此外，豆包还能依据此题，衍生出一些对应知识点的题目，助力实现举一反三，让学习变得轻松自如。

通过上传问题照片、文档或者自己手动输入问题，让豆包识别，豆包做出识别后，在一分钟以内可以给出详细的解题思路、解题步骤和答案，具体案例如下。

用户： 已知非零向量a、b满足$|a| = 2|b|$，且（$a-b$）$\perp b$，则a与b的夹角为多少？

豆包：

设向量 a 与 b 的夹角为 θ（$0 \leqslant \theta \leqslant \pi$）。

$\because$（$a-b$）$\perp b$，根据向量垂直的性质，若两个向量垂直，则它们的数量积为0。

$\therefore$（$a-b$）$\cdot b=0$。

展开（$a-b$）$\cdot b$：

$a \cdot b-b \cdot b = 0$，即 $a \cdot b = b \cdot b$。

计算 $a \cdot b$ 与 $b \cdot b$：

已知 $|a| = 2|b|$，根据向量数量积公式 $a \cdot b = |a||b|\cos\theta$，可得 $a \cdot b=2|b| \times |b|\cos\theta = 2|b|^2\cos\theta$，而 $b \cdot b=|b||b|=|b|^2$。

由 $a \cdot b = b \cdot b$ 得出：$2|b|^2\cos\theta = |b|^2$。

两边同时除以$|b|^2$（因为b为非向量，$|b|^2 \neq 0$），得到$2\cos\theta=1$。

解得$\cos\theta=\frac{1}{2}$

确定夹角θ的值，又因为$0 \leqslant \theta \leqslant \pi$，所以夹角为$\frac{\pi}{3}$。

综上所述，a与b的夹角为$\frac{\pi}{3}$。

3.1.4 幼儿活动教学

幼儿活动教学通常广泛涵盖健康、语言、数学、科学、艺术及社交等多个领域，其目的在于助力幼儿构建对各个不同领域的初步认知，并且掌握多样化的技能，从而为他们未来的学习与生活奠定坚实的基础。

用户： 作为一名幼儿园老师，请设计一些课外活动来提高小朋友的动手能力，激发创造力的同时还能学习外语。

豆包： 以下是一些可以提高小朋友的动手能力，激发小朋友的创造力，同时学习外语的课外活动设计。

一、创意手工与外语学习

“彩色动物世界”手工活动

准备各种颜色的彩纸、剪刀、胶水、彩笔等材料。老师先用外语（比如英语）介绍不同动物的名称，如“lion”（狮子）、“tiger”（老虎）、“elephant”（大象）等。

让小朋友们选择自己喜欢的动物，用彩纸剪出动物的形状，然后用彩笔进行装饰。在制作过程中，老师不断用英语重复动物的名称和一些描述性词语，如“big”（大的）、“small”（小的）、“colorful”（彩色的）等。完成后，让小朋友们用外语介绍自己制作的动物。

“美味水果沙拉”活动。

准备各种水果（如苹果、香蕉、橙子等）、塑料刀具、盘子、沙拉酱等。老师先展示水果，用英语介绍水果的名称，如“apple”（苹果）、“banana”（香蕉）、“orange”（橙子）等。

让小朋友们一起动手将水果切成小块，放入盘子中，然后加入沙拉酱搅拌。在切水果和制作沙拉的过程中，老师可以用英语引导小朋友们的动作，如“cut”（切）、“mix”（搅拌）等。

最后，大家一起品尝水果沙拉，同时复习水果的英语名称。

二、户外探索与外语学习

“花园寻宝”活动

在幼儿园的花园里设置一些小宝藏，如彩色卡片、小玩具等。老师用英语给出线索，如“This treasure is under the tree.”（这个宝藏在树下。）“The treasure is near the flower.”（宝藏在花旁边。）等。

小朋友们分组进行寻宝活动，在寻找宝藏的过程中，他们需要理解外语线索并找到相应的位置。找到宝藏后，让小朋友们用英语说出宝藏的名称。

3.2　论文小高手：提供专业建议和指导

作为字节跳动研发的大语言模型，豆包有着广泛的知识储备，它能够基于对多科学领域的了解，为用户提供不同角度的选题建议。比如在文学领域，可以根据当前的研究热点和趋势，提出一些新颖的论文选题方向；在科学技术领域，能结合最新的技术发展动态，帮助用户找到具有研究价值的课题。

3.2.1　撰写开题报告

当人们开始某个研究项目的时候，一定离不开开题报告。开题报告是对即将开展的研究项目的全面阐述和规划，就像研究之旅的地图，为整个研究过程指明方向。

用户：你是一名文学系的研究生，导师需要你针对网络文学和严肃文学的研究，写一篇开题报告。

豆包：以下是一份关于网络文学与严肃文学比较研究的开题报告，具体内容可根据实际情况进行调整和完善。

《网络文学与严肃文学比较研究开题报告》

一、选题背景

在当今的数字化时代，文学呈现出多元发展的态势。网络文学以其便捷的传播方式、丰富的题材和广泛的受众群体迅速崛起，成为文学领域不可忽视的一股力量。与此同时，严肃文学作为传统文学的代表，以其深刻的思想内涵、精湛的艺术技巧和对人类命运的深刻关注，依然在文学殿堂中占据着重要地位。然而，网络文学与严肃文学在创作目的、表现形式、受众群体等方面存在着显著的差异，这种差异也引发了人们对于文学价值和未来发展的思考。因此，对网络文学和严肃文学进行比较研究，具有重要的理论和现实意义。

二、研究目的与意义

（一）研究目的

深入分析网络文学和严肃文学的特点和差异，探讨两者在文学价值、审美标准等方面的异同。

研究网络文学对严肃文学的影响，以及严肃文学在网络时代的发展策略。

为文学创作和文学批评提供新的视角和方法，促进文学的多元化发展。

（二）研究意义

理论意义

通过对网络文学和严肃文学进行比较研究，可以丰富文学理论的内容，拓展文学研究的视野。同时，也可以为网络文学的理论建设提供参考，推动网络文学的健康发展。

现实意义

有助于引导读者正确认识网络文学和严肃文学的价值，提高读者的文学素养和审美水平。此外，对文学创作者来说，也可以从两者的比较中汲取有益的经验，创作出更具有思想性和艺术性的作品。

…………（生成内容太多，这里不多做赘述）

3.2.2　阅读与翻译论文

论文主要指与某一特定领域或主题相关的研究报告、学术论文等，豆包可以协助用户对论文、文献进行检索、分析、总结等。

豆包在阅读论文方面能为用户提供以下帮助。

· 论文综述：可以更好地帮助用户整理和总结论文的主要内容和关键信息，帮助用户更好地了解研究现状和前沿方向。

· 内容分析：能够帮助用户分析文献的具体内容，帮助用户更好地理解文献中的细节，并针对具体问题进行深入了解。

· 生成脑图：即生成论文的思维导图，可以让用户更加清晰地了解论文的框架结构和内容，帮助用户更快地整理论文内容，特别是对于长论文、文献，能够节省用户在检索和论文中时的阅读时间。

· 归纳总结：可以对论文内容进行归纳和总结，提炼出核心观点和关键信息，并以摘要或综述的形式呈现，让用户更好地把握论文的重点。

· 引申讨论：在总结论文的基础上，可以与用户探讨论文中的观点，启发用户思考，为用户提供更多的分析和解读角度，以及相关背景和其他知识。

· 翻译论文：在阅读外语论文时，豆包可以根据语境进行翻译，为用户节省查阅论文中不认识单词的时间，提高效率。对于论文翻译这里就不再赘述，用户在需要时可以自行查阅。

以下是可供参考的操作步骤和案例。

（1）单击界面左侧的“AI阅读”按钮，在右侧会出现相应的界面，如图3-1所示。

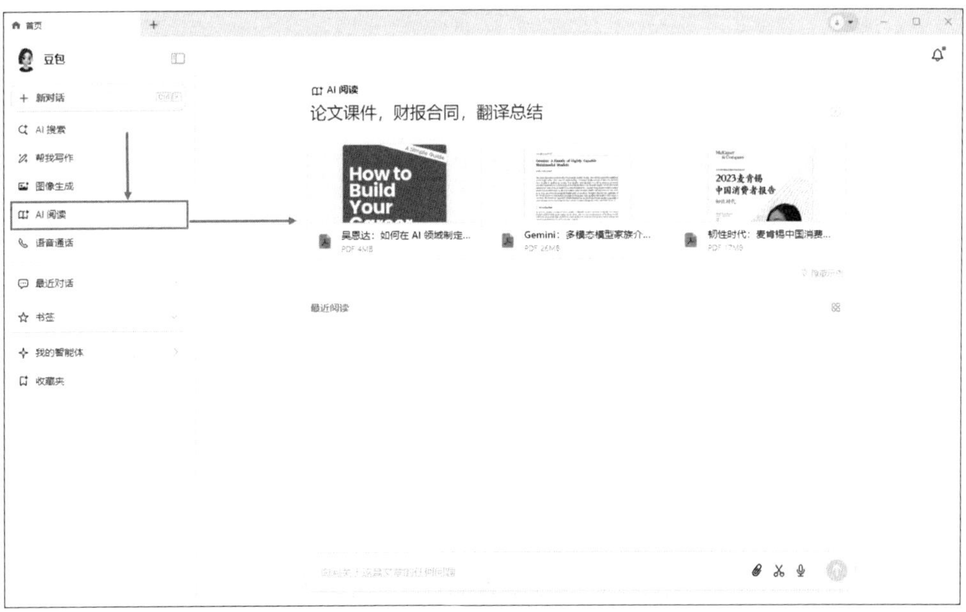

图 3-1

（2）单击 ✎ 按钮，弹出储存文件的文件夹，单击需要豆包阅读总结的文件，如图3-2所示。

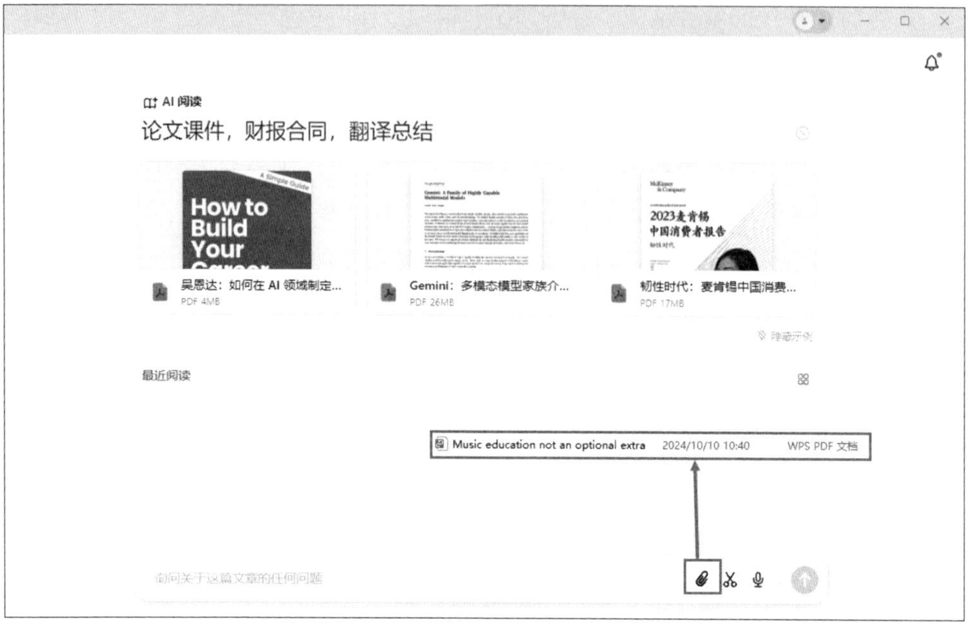

图 3-2

注：如果没有储存文件至本地，可以通过复制论文的链接，进入豆包单击“文件链接”按钮，也能让豆包阅读总结论文。

（3）上传文件后，用户可以在输入框里下达指令，豆包就能在短时间内快速帮用户总结需要的内容，具体如下所示。

用户：Music education not an optional extra.pdf,详细整理这篇文档，输出格式清晰的总结。

豆包：总结如下：

一、音乐教育在学校的现状堪忧

疫情使音乐活动减少：本应是学校音乐活动丰富的时期，但因疫情很多学校取消了相关活动。如音乐家协会报告显示，正常在学年第一学期末举办节日音乐会的小学和中学分别有53%和63%没有举办。

二、学校音乐教育面临压力

未履行法定教学义务：在14岁前音乐教育是法定的，但由于政府对数学和英语测试的重视，以及2010年引入Ebacc，超过50%的小学未履行音乐课程义务，一半以上的公立中学不再向11～14岁的学生教授音乐，有些孩子一年只有一天的音乐课程。

……

（4）用户若想对该论文有更深入的了解，也能向豆包提问，如下所示。

用户：如何培养学生的音乐创造力和批判性思维？

豆包：

一、培养学生音乐创造力的方法

激发兴趣与好奇心

通过多样化的音乐作品展示，如不同风格（古典、流行、民族等）、不同地域的音乐，引发学生对音乐的兴趣和好奇。例如，在课堂上播放非洲鼓乐，让学生感受其独特的节奏和韵律，激发他们探索音乐的欲望。

结合音乐背后的故事，如介绍贝多芬创作《命运交响曲》的背景和他自身的经历，使学生更深入地理解音乐，从而提高兴趣。

提供创作机会

安排简单的音乐创作任务，从旋律创作开始。例如，给出几个音符，让学生在此基础上发展出一段旋律，培养他们对音符组合和节奏变化的感知。

鼓励学生进行歌词创作，结合他们自己的生活经历和感受，为一段熟悉的旋律填词，提高他们的文字表达能力和对音乐情感的把握。

组织小组创作活动，让学生合作完成一首小型作品，包括旋律、歌词、伴奏等方面，培养团队合作和综合创作能力。

……

用户：详细介绍一下文档中提到的英国政府的相关课程标准。

豆包：文档中提到英国政府相关课程标准主要涉及对学校课程重点的强调，以及相关课程标准的引入，对音乐教育产生了影响，具体如下。

课程重点强调：政府坚持数学和英语测试，这在一定程度上使学校将教学重点更多地放在数学和英语学科上，挤压了音乐教育的资源和时间。

课程标准引入：2010年引入了Ebacc（英国中学文凭考试课程体系），这一课程标准的实施也对音乐教育产生了冲击，导致超过50%的小学未能履行音乐课程义务，超过半数的公立中学对11～14岁学生不再教授音乐，有些孩子一年仅有一天的音乐课程。

3.2.3　生成论文摘要

摘要指的是对一篇学术论文的内容进行高度浓缩和概括的简短文本，一般篇幅较短，语言简洁明了，准确地反映原文的核心内容，通常包含研究目的、方法、主要结果和结论等关键信息。比如，一篇关于新型材料研发的论文摘要，会简要说明研究的目的是开发一种具有特定性能的新型材料，采用的方法是某种合成工艺，主要结果是成功合成了该材料并测试了其性能，结论是该材料具有广阔的应用前景。

用户：我是一名研一的音乐系学生，请根据国内已发表的论文，生成论文摘要。

豆包：

以下是一篇模拟的研一音乐系学生的论文摘要示例，你可以根据实际研究方向进行修改调整。

标题：《当代流行音乐中民族音乐元素的融合与创新研究》

摘要：在当今音乐发展多元化的背景下，本研究聚焦于当代流行音乐与民族音乐元素的融合与创新，并且通过对大量国内已发表的相关音乐文献的梳理与分析，发现民族音乐元素在当代流行音乐中的运用呈现出日益多样化的趋势。从旋律、节奏、和声等音乐构成要素方面，探讨民族音乐元素如何为流行音乐注入独特的艺术魅力和文化内涵。以若干具有代表性的流行音乐作品为例，深入剖析其对民族音乐元素的具体运用方式及所产生的艺术效果。研究结果表明，这种融合不仅丰富了流行音乐的表现形式，为流行音乐的发展开辟了新的道路，同时也为民族音乐的传承与发展提供了新的契机。然而，在融合过程中也存在一些问题，如部分作品对民族音乐元素的理解不够深入、融合方式较为生硬等。针对这些问题，提出了加强音乐创作者对民族音乐的学习与理解、鼓励创新融合方式等建议，以期在当代流行音乐中更好地融合与创新民族音乐元素提供理论支持和实践参考。

3.2.4 生成论文提纲

提纲是在撰写论文之前，对论文的结构和内容进行规划和组织的一种框架性文本。它以标题和要点的形式呈现，列出各个部分的主题和主要内容。提纲通常较为简洁，只展示主要的思路和结构，不涉及具体的细节描述。例如，一篇关于环境保护的演讲稿提纲可能包括：引言（环境问题的严重性）、主体（污染的现状、原因分析、解决方案）、结论（呼吁大家共同行动）。

用户：请根据《〈蛙〉与〈活着〉勾勒出的现实轮廓》为例，生成论文提纲。

豆包：

标题：《蛙》与《活着》勾勒出的现实轮廓

摘要：简要概括《蛙》与《活着》两部作品所展现的现实特征，以及通过对这两部作品的分析探讨所总结出的现实轮廓的主要观点。

关键词：蛙；活着；现实轮廓；文学作品分析

以下是一篇关于《〈蛙〉与〈活着〉勾勒出的现实轮廓》的论文提纲示例

一、引言

1. 研究背景与意义

-阐述莫言《蛙》和余华《活着》在当代文学中的重要地位。

-说明两部作品对于揭示社会现实的独特价值，以及对理解特定历史时期人性和生活的意义。

2. 研究目的与方法

-明确论文旨在通过对两部作品的分析勾勒出怎样的现实轮廓。

-介绍所采用的文学分析方法，如文本细读法、主题分析法、人物形象研究法等。

二、《蛙》与《活着》的内容梗概与创作背景

1.《蛙》的故事简介与背景

-概述《蛙》中关于乡村生育史、计划生育政策下的人物命运等主要情节。

-分析莫言创作《蛙》时的社会、文化和历史背景，包括中国计划生育政策实施的时代特点及其对社会结构和家庭关系的影响。

2.《活着》的故事简介与背景

-讲述《活着》中福贵历经苦难的一生，包括家庭的兴衰、亲人的离去等主要内容。

-探讨余华创作《活着》所处的社会转型期，当时社会观念的变化、历史苦难对民众生活的冲击等背景因素。

……

3.2.5 生成论文综述

综述是对某一领域、某一专业或某一专题在特定时期内的大量相关资料进行综合分析、整理、归纳后写成的文章。它涵盖的内容广泛，对已有的研究成果、观点、方法等进行系统的阐述和评价。通常会涉及该主题的历史发展、现状及未来的发展趋势等。

用户：请根据人工智能在医疗方面的应用，生成论文综述。

豆包：

摘要：本论文综述旨在探讨人工智能在医疗领域的广泛应用、取得的显著成果及面临的挑战。随着科技的不断进步，人工智能已在医疗影像分析、个性化治疗、医疗机器人与手术辅助、医疗数据分析与预测、医患交流和智能助手等方面发挥了重要作用，为医疗行业带来了巨大的变革，但同时也在数据隐私、伦理等方面引发了诸多关注。

一、引言

人工智能作为一项具有颠覆性的技术，正逐渐改变着医疗行业的格局。医疗领域中积累的大量数据为人工智能的应用提供了肥沃的土壤，而人工智能的强大计算能力和模式识别能力也为医疗行业的发展带来了新的机遇。从疾病诊断到治疗方案制订，再到医疗管理，人工智能的应用贯穿了医疗的各个环节。

二、人工智能在医疗领域的主要应用

医学影像分析

医学影像分析是人工智能在医疗领域最突出的应用之一。深度学习算法能够快速、准确地分析CT扫描、MRI图像、X射线等医学影像，帮助医生检测肿瘤、结节、骨折等

异常情况。例如，在肺部疾病诊断中，人工智能系统可以自动识别肺部的病变区域，并对其进行分类和量化，为医生提供更准确的诊断依据。

与传统的人工分析相比，人工智能不仅提高了诊断的准确性和效率，还能够减少医生的工作负担和疲劳，降低误诊率。此外，人工智能还可以对医学影像进行三维重建和可视化处理，为医生提供更直观的诊断信息。

……

3.2.6 提供参考文献

当你在研究某个领域，但不知道如何寻找参考文献时，可以寻求豆包的帮助，豆包会根据自己以往的训练数据和学习，帮助你找到该领域的参考文献。

用户：我是一位比较文学与世界文学专业的学生，你正在研究中国与世界自然主义文学，请为中国与自然主义文学提供参考文献。

豆包：

以下是一些关于中国与世界自然主义文学的参考文献。

1. 学术著作：《实证与诗性：20世纪中国文学中的自然主义》，作者于启宏。这本书立足于法国自然主义思想背景，梳理了中国当代自然主义文学思潮，包括其发生的原因、外在形态和内在精神等，还从文体和语言等方面对这一文学思潮进行了学术分析和理论研究。《西方自然主义与中国20世纪文学》，由中央编译出版社出版。该书对西方自然主义在中国的命运、遭遇进行了全方位的思考，探讨了自然主义传入中国的过程，以及被批判、被接受的过程。

2. 国外经典自然主义文学作品：法国埃米尔·左拉的《卢贡-马卡尔家族》，这是自然主义文学的丰碑，共包括20部长篇小说，描写了“第二帝国一个家族的自然史和社会史”，如《娜娜》《萌芽》《小酒馆》等作品都是其中的优秀代表。法国居伊·德·莫泊桑的小说，如《一生》《羊脂球》《漂亮朋友》等。莫泊桑是自然主义文学的杰出代表，其小说重视心理分析与对朦胧潜意识的研究。德国盖尔哈特·霍普特曼的剧作《日出之前》，以自然主义手法表现德国的社会矛盾；他的《织工》从自然主义转向现实主义，对人们了解德国自然主义文学具有重要意义。日本作家岛崎藤村的《破戒》，该作品是日本自然主义文学的经典之作，深刻地反映了日本社会的现实问题。

3. 国内相关研究论文：可在中国知网等学术数据库中搜索相关论文，如张合珍的《自然主义在中国的传播与变异》、黄华莉的《中国现代文学中的自然主义思潮》等。这些论文从不同角度对中国与自然主义文学的关系进行了深入研究。

4. 文学理论书籍：法国泰纳的《艺术哲学》提出了“环境、时代、种族三要素说”，对自然主义文学产生了重要影响，阅读这本书有助于理解自然主义文学的理论基础。埃米尔·左拉的《实验小说》与《自然主义小说家》，这两部论文集是左拉对自然主义文学的理论阐述，对理解自然主义文学的创作主张和理念具有重要价值。

5. 文学评论和研究期刊：《外国文学研究》《中国现代文学研究丛刊》等期刊经常会发表关于自然主义文学的研究文章，可以关注这些期刊，以获取最新的研究动态和观点。

3.3　学习小助手：提供个性化学习

豆包拥有丰厚的知识储备、自然语言处理能力、使用便捷等优势，在学习方面，如同小助手一般，可以帮助用户轻松掌握新知识。下面将介绍几个具体案例。

3.3.1　阅读书籍

豆包可以为用户提供各种书籍的相关信息和知识要点，帮助用户更好地理解书籍内容。同时，豆包还可以向用户推荐一些值得阅读的书籍，以便用户扩展知识领域，提升阅读兴趣。

1. 功能介绍

以下是豆包在阅读方面能做的事情。

（1）阅读辅助：豆包能够为用户提供阅读辅助。例如，它可以帮助用户找到某本书的摘要、主要内容和主要人物等信息，同时还能对一些难懂的句子进行解析，帮助用户更好地理解这本书的内容。

（2）书籍推荐：豆包能够根据用户的历史对话和阅读兴趣，为用户推荐书籍。这样，用户就可以更轻松地发现并阅读自己喜欢的书籍。

（3）读书建议：豆包还能够为用户推荐一些有关读书的实用建议。例如，怎么选择适合自己的书籍、如何提高阅读效率等，这些建议可以帮助用户更好地利用阅读时间，提升阅读效果。

（4）知识问答：如果用户在阅读过程中遇到了问题，豆包也可以为用户解答，以便用户更好地理解和分析书中的某个场景或情节，以及作者的某个观点。

（5）阅读笔记：豆包可以为用户提供阅读笔记。通过与豆包的对话，用户可以让豆包记录下自己在阅读过程中的感悟、思考和问题等内容，方便日后进行回顾和整理。

2. 使用技巧

以下是一些常见的关于阅读的提问方式。

- 《福尔摩斯探案全集》的作者是谁?
- 有哪些冒险科幻小说可以推荐给我?

· 我正在学习法语，有哪些较好的法语学习书籍可以推荐给我？
· 请为我推荐一些外国经典文学著作，以便提升我的阅读兴趣。
· 请为我推荐一些布克文学奖书籍。
· 我喜欢读推理小说，请为我推荐一些本格派的推理小说。
· 我想看一些有关历史的书籍，请问有什么书籍可以推荐给我？
· 有适合3~6岁小孩阅读的双语书籍吗？请列举5本。
· 有哪些成长励志书籍可以推荐给我？

3. 案例演示

用户：某用户是一名读书博主，读了《卡拉马佐夫兄弟》一书，大受震撼，想在短视频平台上将这本书分享给粉丝，请你为他写一篇1000字左右的读书笔记。读书笔记包括对本书的介绍、从书中受到的启发，以及向大家推荐这本书的原因。

豆包：《〈卡拉马佐夫兄弟〉：人性的深度剖析与灵魂的震撼之旅》

在文学的浩瀚星空中，有一部作品如璀璨的巨星，散发着永恒的光芒，那就是陀思妥耶夫斯基的《卡拉马佐夫兄弟》。这本书以其深刻的思想、复杂的人物形象和扣人心弦的情节，给读者带来了一场震撼心灵的阅读之旅。

一、作品介绍

《卡拉马佐夫兄弟》是俄国作家陀思妥耶夫斯基的最后一部长篇小说。小说以19世纪的俄国为背景，讲述了卡拉马佐夫家族中父子、兄弟之间的矛盾与冲突。老卡拉马佐夫是一个贪婪、好色、自私的人，他与3个儿子之间的关系错综复杂。长子德米特里性格暴躁，为了争夺财产与父亲产生了激烈的冲突；次子伊万聪明、理性，但内心充满了矛盾和痛苦；三子阿廖沙善良、纯洁，是一个虔诚的信徒。此外，小说中还有一个神秘的人物斯乜尔加科夫，他的存在为整个故事增添了更多的悬念。

小说通过对卡拉马佐夫家族的描写，展现了人性的复杂和多样性。在这个家族中，有善与恶的较量、理性与信仰的冲突、爱与恨的交织。陀思妥耶夫斯基以细腻的笔触深入刻画了每一个人物的内心世界，让读者感受到了人性的深度和广度。

二、从书中受到的启发

人性的复杂

《卡拉马佐夫兄弟》让我们深刻认识到人性的复杂。书中的人物没有绝对的善恶之分，每个人都有自己的优点和缺点，都在善与恶之间挣扎。老卡拉马佐夫虽然自私贪婪，但他也有自己的痛苦和无奈；德米特里虽然性格暴躁，但他也有善良和勇敢的一面；伊万虽然理性聪明，但他也陷入了信仰的危机。这让我们明白，人是多面的，不能简单地用好坏来评价一个人。我们应该以宽容和理解的心态去看待他人，尊重每个人的人性。

……

（因为内容太多，这是节选部分。后面有类似的情况不再赘述。）

豆包生成这篇笔记所用了10秒左右，说明它生成100字只花了一秒左右，且这些内容完全按照用户要求生成，只要稍加修改一下就可以使用了。由此，我们可以预见豆包以后在帮助人类学习方面会起到至关重要的作用。

从上述案例可以看到，豆包已经帮用户自动生成标题，如果用户对标题不满意，可以下达指令，让它生成更具有吸引力的标题。

用户：请结合这篇读书笔记取一个具有吸引力的标题，要求符合短视频平台爆款标题的特点，请提供5个供我选择。

豆包：以下是5个标题供你选择。
1.《〈卡拉马佐夫兄弟〉：人性大揭秘，震撼灵魂的文学巨著！》
2.《深度解读〈卡拉马佐夫兄弟〉，探寻复杂的人性与信仰的力量！》
3.《〈卡拉马佐夫兄弟〉：一部让你重新审视人性的经典之作！》
4.《震惊！〈卡拉马佐夫兄弟〉为何成为文学宝藏？快来一探究竟！》
5.《〈卡拉马佐夫兄弟〉：从家族悲剧感悟人性与家庭的真谛！》

3.3.2　学习英语单词

豆包不仅可以用来学习中文，也可以用来学习其他语言。接下来以学习英语为例，介绍怎样使用豆包进行其他语言学习。

1. 使用技巧

（1）豆包能够帮助用户查找英语单词的含义，并展示其发音和用法示例。例如，用户可以提出“What is meaning of this word ‘Albatross’?”“What is the pronunciation of this word ‘endless’?”等问题。

（2）用户可以通过询问豆包如何拼写英语单词来进行练习。例如，用户可以提出“How do you spell ‘word’?”等问题。

（3）与豆包进行英语对话是一个不错的学习方式。用户可以提出问题，豆包会回答用户的问题，并纠正用户的语法和拼写错误。用户也可以告诉豆包想要学习的英语单词，豆包将为用户提供该单词的含义、发音和用法示例。

（4）豆包可以根据用户提供的英语单词生成句子。用户可以询问“Can you give me an example sentence with the word ‘word’?”然后使用豆包生成的句子来学习英语单词及其用法。

下面是一些常见的提问方式。

What is the definition of “perplexed”?

How do you pronounce “enchanted”？

Can you give me an example sentence with the word “Rhapsody”？

How do you spell “fortnight”？

Can you give me a sentence using the word “insidious”？

What is the meaning of the phrase “to make amends”？

Can you provide a synonym for the word “meticulous”？What is the opposite of the word “generous”？

2. 案例演示

用户：你现在是我的英语学习助手，我的词汇量大概是3500个，你现在用全英文来帮我测试单词，如果我回答“Y”，你就帮我把相近词列举5个出来给我，如果回答“N”，你就将这个单词的词性、发音、近义词和例句总结出来。

豆包：OK! Let’s start. The first word is “happy”. Do you know its similar words?（Answer “Y” or “N”）

用户：Y

豆包：Here are five similar words： cheerful, glad, joyful, delighted, pleasant.

豆包：Great! Let’s begin. The next word is “beautiful”. Do you know its similar words?（Answer “Y” or “N”）

用户：N

豆包：“Beautiful” is an adjective.

The pronunciation is [ˈbjuːtɪfl]. Its synonyms include： pretty, lovely, charming, attractive, good-looking.

Example sentence： She has a beautiful smile. Now, the next word is “difficult”.

用户：N

豆包：“Difficult” is an adjective. The pronunciation is [ˈdɪfɪkəlt].

Its synonyms are：hard, tough, challenging, arduous, complicated.

Example sentence：This math problem is very difficult.

The next word is “fast”. Do you know its similar words?（Answer “Y” or “N”）

用户：Next one, please!

豆包：OK. The next word is “clever”. Do you know its similar words?（Answer “Y” or “N”）

用户：N

豆包：“Clever” is an adjective. The pronunciation is [ˈklevə (r)].
Its synonyms include：intelligent, smart, wise, brilliant, sharp.
Example sentence：He is a very clever boy. Now, the new word is “angry”.

3.3.3 知识预习

豆包可以帮助用户预习课程内容，并找到课程重点。在预习过程中，豆包可以利用其强大的功能和专业的知识分析体系，为用户提供全面且有针对性的指导。无论是复杂的学术课程，还是实用的技能培训课程，它都能有条不紊地梳理内容，将关键的知识点呈现给用户，帮助用户在正式学习之前对课程有系统的认识和理解，从而更好地跟上课程节奏，提高学习效率。

用户：请列出大学外国文学史课程中“欧洲部分的中古文学”的预习知识点。

豆包：大学外国文学史课程中“欧洲部分的中古文学”的预习知识点如下。

历史文化背景

时间范围：欧洲历史上的中世纪以公元476年西罗马帝国灭亡为起点，到17世纪中叶英国资产阶级革命前夕结束，前后共经历了大约12个世纪，中古文学主要指的是前两个阶段的文学。

社会变迁：西罗马帝国灭亡后，日耳曼人入侵并建立了封建制度。日耳曼人原是生活在多瑙河以北等地区的部落联盟，在民族大迁移后摧毁了罗马帝国，形成了封建社会的基本阶级结构，即大地主阶级和农奴阶级。

文学总体特征

多元性：在多种文明和文化的碰撞中形成了多元并存的局面，包括教会文学、骑士文学、英雄史诗和城市文学等文学形式。

宗教色彩：基督教文化占据主导地位，对文学影响深远，不仅教会文学，其他民间色彩的文学也具有不同程度的宗教色彩。

开创性：在艺术表现手法上有了进一步的发展，象征、寓意、梦幻、哲理、现实描写、浪漫抒情乃至动物故事等流行一时……

3.3.4 协助备考

豆包基于海量的训练数据，可以帮助用户精准提炼出需要复习的重点内容。无论是学科知识、专业技能还是其他类型的内容，豆包都可以从中筛选出关键要点，为用户的复习工作提供有力支持，使用户能更高效地聚焦重点，加深对重要知识点的理解和掌握，从而在复习过程中达到事半功倍的效果。

用户：我准备备考中国语言文学，请帮我总结马工程《外国文学史》每章的重点，以便我重点学习。

豆包：以下是马工程《外国文学史》各章的重点总结。

古代文学

希腊神话：重点掌握希腊神话中奥林匹斯神系的主要神祇，如宙斯、赫拉、雅典娜、阿波罗等众神的职能和性格特点。理解希腊神话的内容特点，包括神的人性化、神话故事的丰富性和寓意等。希腊神话对后世文学、艺术等方面的影响深远，如为文学创作提供了丰富的素材和原型。

荷马史诗：《伊利昂纪》这部史诗以“阿喀琉斯的愤怒”为核心，讲述了其中的主要英雄人物如阿喀琉斯、阿伽门农、赫克托耳等的形象特点，以及特洛伊战争的相关情节。《奥德修纪》围绕奥德修斯的流浪与复仇展开故事，要熟悉奥德修斯的智慧和勇敢，以及他在归家途中的种种经历。荷马史诗的思想艺术成就，包括塑造的鲜明英雄形象、紧凑巧妙的结构、生动形象的语言（“荷马式比喻”）等。

古希腊悲剧：理解《俄狄浦斯王》这部悲剧的戏剧冲突，即俄狄浦斯不断逃避却最终无法逃脱杀父娶母的命运，以及其背后所蕴含的思想意义，如命运的不可抗拒性、人的自由意志与命运的冲突等。

……

17世纪文学（古典主义文学）

古典主义文学的特点：掌握古典主义文学在政治上拥护王权、在思想上崇尚理性、在艺术上强调规范和形式等特点。了解“三一律”的具体要求（时间、地点、情节的一致性）及其对戏剧创作的影响。

代表作家作品

莫里哀《伪君子》：分析达尔杜弗这一伪君子形象的特点（虚伪、贪婪、狡诈等），以及作品对宗教伪善的批判。

弥尔顿《失乐园》：理解撒旦这一形象的复杂性，以及作品中所体现的宗教思想和革命精神。

3.3.5 制订学习计划

豆包的学习计划功能可以根据用户目标和实际学习情况，为用户量身定制学习计划。具体来说，它会根据用户的目标和当前的知识水平，为用户推荐合适的学习材料和学习方法。同时，它还会根据用户的实际学习情况，动态地调整学习计划，以确保用户能够达成学习目标。生成学习计划旨在帮助用户更高效、有序地学习，提升学习效率。

用户：我准备考研，科目有英语、政治，外加两门专业课，帮我制订一个为时一年的学习计划。

豆包：

以下是一个为期一年的考研学习计划。

一、准备阶段

确定目标院校和专业：收集信息，了解不同院校中国语言文学专业的研究方向、师资力量、考试难度等。根据自己的兴趣、实力和职业规划，确定目标院校和专业。

收集考研资料：购买英语、政治和专业课的教材、辅导书、历年真题等。关注考研论坛、公众号等，获取考研经验和最新资讯。

制订初步学习计划：根据考试科目和自己的时间安排，制订一个大致的学习计划。

二、基础阶段

英语：背单词——每天背诵一定数量的单词，可以使用单词书或手机App，如《红宝书》《扇贝单词》等；学习语法——系统学习英语语法知识，推荐《句句真研》等语法书；阅读训练——每周阅读几篇英语文章，如《经济学人》《纽约时报》等外刊，提高阅读理解能力。

政治：可以先不开始正式学习，了解考研政治的考试内容、题型和分值分布等。

专业课：通读专业课教材——认真阅读目标院校指定的专业课教材，理解知识点，建立知识框架；做笔记——边读书边做笔记，整理重要知识点和概念，方便后期复习。

……

注意事项

合理安排时间：根据自己的实际情况，合理安排每天的学习时间，保证充足的睡眠和休息。

坚持学习：考研是一个长期的过程，需要坚持不懈地努力。制订学习计划后，要严格按照计划执行，不能半途而废。

多做练习：通过做练习题和模拟题，检验自己的学习成果，发现问题及时解决。

关注信息：及时关注考研信息，了解考试动态和政策变化，以便调整学习计划。

调整心态：考研过程中会遇到各种困难和挫折，要保持积极乐观的心态，相信自己一定能够成功。

3.3.6　生成复习内容

用户可以让豆包生成任意年级或科目的课本复习内容，还可以从老师的角度，生成复习内容并指出其知识点。

用户：请帮我生成高二必修二化学的复习内容。

豆包：高二必修二化学复习内容如下。

一、物质结构与元素周期律

1. 原子结构

· 原子的组成：质子、中子、电子的性质和数量关系。

· 核外电子排布规律：能熟练书写1～20号元素的原子结构示意图。了解电子层、能级、轨道等概念。

· 元素、核素、同位素的概念及辨析。

2. 元素周期表

· 周期表的结构：周期、族的划分，周期表中元素性质的递变规律。

· 原子半径、主要化合价、金属性与非金属性等性质在周期表中的变化规律。

· 能根据元素在周期表中的位置推断其性质。

3. 元素周期律

· 同周期元素性质的递变规律：从左到右，原子半径逐渐减小，金属性逐渐减弱，非金属性逐渐增强。

· 同主族元素性质的递变规律：从上到下，原子半径逐渐增大，金属性逐渐增强，非金属性逐渐减弱。

元素金属性和非金属性的判断依据，包括单质与水或酸反应的难易程度、最高价氧化物对应水化物的碱性或酸性强弱等。

……

五、资源综合利用与环境保护

1. 煤、石油、天然气的综合利用

· 煤的干馏、气化和液化的原理及产物。

· 石油的分馏、裂化和裂解的原理及产物。

· 天然气的主要成分及用途。

2. 环境保护与绿色化学

· 环境污染的类型：大气污染、水污染、土壤污染等。

· 环境保护的措施：减少污染物的排放、资源的回收利用等。

· 绿色化学的概念及核心内容。

3.3.7 文言文解析

豆包可以将文言文翻译成现代文，帮助用户学习文言文。针对各种文言文豆包凭借自身强大的语言处理能力和丰富的知识储备，可以准确地将其转换为通俗易懂的现代文表述。无论是古代经典著作中的片段，还是课本中的文言文课文，用户只需将相应内容提供给豆包，就能迅速获得清晰明了的现代文翻译结果，这有助于用户更轻松地把握文言文的字词含义、语句结构及整体的文章主旨，进而提升文言文学习的效果和效率。

用户：请将以下片段，翻译成现代汉语。

臣密言："臣以险衅，夙遭闵凶。生孩六月，慈父见背；行年四岁，舅夺母志。祖母刘悯臣孤弱，躬亲抚养。臣少多疾病，九岁不行，零丁孤苦，至于成立。既无伯叔，终鲜兄弟，门衰祚薄，晚有儿息。外无期功强近之亲，内无应门五尺之僮，茕茕孑立，形影相吊。而刘夙婴疾病，常在床蓐，臣侍汤药，未曾废离。"（摘自李密《陈情表》第一段）

豆包：臣子李密陈言："我因命不好，很早就遭遇到了不幸。刚出生6个月，父亲就弃我死去。我4岁的时候，舅父强迫母亲改变了守节的志向。我的祖母刘氏，怜悯我孤独困苦，便亲自抚养我。我小时候经常生病，9岁还不能走路，孤苦无依，一直到成年。我既没有叔叔伯伯，又没有兄弟，门庭衰微、福分浅薄，很晚才有儿子。在外面没有比较亲近的亲戚，在家里也没有照应门户的童仆，形单影只没有依靠。祖母刘氏早就被疾病缠身，常年卧床不起，我从来没有停止侍奉或离开她。"

豆包还可以对文言文中的每个段落做到逐词分析，帮助我们对文言文进行精读，以便巩固自己的基础，以下是具体案例。

用户：逐字逐句解读以上段落。（或者逐字逐句精读《书名》的……段落）

豆包：以下是对《陈情表》第一段的逐字逐句解读。

臣密言："臣以险衅，夙遭闵凶。"

"臣密言"：臣子李密陈说。表明这是李密向皇帝上奏的表文开头的自称与说明。

"臣以险衅"：我因为命不好。"以"，因为；"险衅"，艰难祸患，这里指命不好。李密自陈自己生来命运多舛。

"夙遭闵凶"：很早就遭遇了不幸的事。"夙"，早；"闵凶"，忧患凶丧之事。

……

"而刘夙婴疾病，常在床蓐，臣侍汤药，未曾废离。"

"而刘夙婴疾病"：而祖母刘氏一直被疾病缠身。"夙"，一直；"婴"，缠绕。表明祖母的身体状况不佳。

"常在床蓐"：常年卧病在床。"床蓐"，床铺，这里指卧病在床。

"臣侍汤药，未曾废离"：我侍奉她吃饭喝药，从来没有停止侍奉或离开她。体现李密对祖母的孝顺和不离不弃。

3.3.8　随时随地博物馆

随时随地博物馆功能的作用是为用户解说艺术作品、历史遗迹或文物。它可以介绍它们的历史背景、文化意义、艺术特征及创作者信息，让用户更好地了解博物馆藏品的来历和故事。

用户：红山玉龙的介绍。

豆包：红山玉龙是新石器时代红山文化玉器，于1971年出土于内蒙古自治区翁牛特旗三星塔拉遗址，收藏于中国国家博物馆。

玉龙由墨绿色的岫岩玉制成，长21厘米，高26厘米，整体蜷曲，呈“C”字形。吻部前伸，略向上弯曲，嘴紧闭，有对称的双鼻孔，双眼突起呈棱形。龙背有对称的单孔。龙身大部无纹，只在额及颚底刻以细密的方格网状纹，网格突起作规整的小菱形。因身体蜷曲呈英文字母“C”的形状，也被命名为C形玉龙。它是新石器时代红山文化的代表器物之一，有“中华第一龙”的美誉。

2013年8月19日，国家文物局将新石器时代红山文化玉龙列入《第三批禁止出国（境）展览文物》。

3.3.9 小语种学习与翻译

豆包除了在英语学习上突出，在小语种学习与翻译方面也毫不逊色。

用户：请翻译一下：古池や蛙飛びこむ水の音。

豆包：幽幽古池，青蛙一跃，“扑通”一声响。

用户：请问此句出自何处？

豆包：“古池や蛙飛びこむ水の音”出自日本江户时代著名俳句诗人松尾芭蕉之手。

松尾芭蕉在日本文学史上有着极其重要的地位，被尊称为“俳圣”。这首《古池》是他的经典代表作之一，其字面意思是：古老的池塘边，青蛙跳入水中，发出了清脆的声响。这首俳句以简洁的语言描绘出了一幅动静结合的画面，体现了松尾芭蕉所倡导的“闲寂”之美。它在日本俳句史上具有深远的影响，深受人们的喜爱。

用户：请解释一下此句的语法。

豆包：“古池や蛙飛びこむ水の音”这句俳句的语法分析如下。

“古池や”：“古池”是名词，表示古老的池塘；“や”是感叹词或并列助词，在这里起到感叹或引起注意的作用，类似于中文的“啊”或“呀”。

“蛙飛びこむ”：“蛙”是名词“青蛙”；“飛びこむ”是动词，意思是“跳入”。整个部分表示青蛙跳入（古池）。

“水の音”：“水”是名词；“の”是助词，表示所属关系；“音”是名词“声音”。这里表示水的声音。

整句话通过简洁的词语组合，生动地描绘出了一个古老池塘的宁静被青蛙跳入打破，从而产生水声的画面。

3.3.10 托福写作家庭教师

豆包的托福写作家庭教师功能可以回答用户各种各样的问题，比如提供知识解答、帮助用户解决学习上的难题、帮助用户创作文章、和用户交流想法，指出在托福作文上的一些问题，并帮助用户改正。

用户：帮我看看这篇作文，用中文指出问题，并将里面的词汇替换成托福词汇或者比较高级的表达。

My Hometown

My hometown is a charming small city with a deep-seated allure.

The natural scenery is beautiful. There are green-covered hills on the outskirts where colorful wildflowers bloom in spring, making it look like a vivid painting. A clear river winds through the city, with willow trees along its banks. The breeze makes the willow branches dance gracefully.

It has a long history. Ancient buildings and sites are scattered around. The old town preserves traditional architectures, like an old temple that has seen the city's changes. The carvings and statues inside are proof of great craftsmanship.

The local culture is diverse. Traditional festivals bring joy. During the Lantern Festival, colorful lanterns are everywhere, and riddle - guessing activities add fun. The local cuisine, made with fresh ingredients, is delicious and evokes nostalgia.

In short, my hometown, with its beauty, history, and culture, is a place I love and cherish.

豆包：这篇作文整体不错，以下是一些可能存在的小问题。

表述相对中规中矩，语言略显平淡，文采不够飞扬，在词汇和句式的丰富度上还有提升空间。

在描述家乡的特点时，每个方面的阐述可以再深入和具体一些，比如对于历史部分，可以提及这座古老寺庙的更多细节或者其他具有代表性的历史遗迹。对于当地美食，可以列举一两种具体的特色菜肴并描述其口味和制作过程。

总体来说，这篇作文清晰地描绘了家乡的美、历史和文化，但在细节丰富度和语言魅力上可以进一步优化。

以下是为您改进的版本。

My hometown is an enchanting small city with an ingrained charm.

The natural landscape is splendid. There are verdant hills on the outskirts where multicolored wildflowers blossom in spring, presenting a vivid tableau. A limpid river meanders through the city, with willow trees along its banks. The gentle breeze makes the willow branches sway gracefully.

It has a long-standing history. Ancient edifices and sites are scattered throughout. The old town conserves traditional architectures, like an aged temple that has witnessed the city' s vicissitudes. The carvings and statues inside are evidence of exquisite craftsmanship.

The local culture is diverse. Traditional festivals bring merriment. During the Lantern Festival, colorful lanterns are ubiquitous, and riddle-solving activities add amusement. The local cuisine, made with fresh ingredients, is delectable and evokes nostalgia.

In short, my hometown, with its beauty, history, and culture, is a place I adore and cherish.

改进所用的托福词汇包括：enchanting（迷人的）、ingrained（根深蒂固的）、splendid（壮丽的）、verdurant（翠绿的）、tableau（画面）、limpid（清澈的）、meander（蜿蜒）、edifice（大厦，宏伟建筑）、vicissitude（变迁）、exquisite（精美的）、ubiquitous（无处不在的）、delectable（美味可口的）、adore（喜爱）。

第 4 章

工作与效率：AI 职场小能手

在当今这个快节奏的时代，工作的步伐不断加快，高效办公已然成为众多职场人士共同追求的目标，人们迫切需要有效的方法和工具来提升工作效率与质量，以便更好地应对日常生活中形形色色的挑战。而豆包正是这样一个得力的职场小能手，它拥有丰富的知识储备和强大的问题解决能力，可以为你在工作和生活的各个方面提供精准的建议和实用的解决方案。无论是面对复杂的工作任务，还是处理琐碎的生活事务，都能以专业的态度和高效的回应，帮助你节省时间、提高效率，让你在快节奏的生活中更加游刃有余。

4.1 职场办公：高效助力职场飞跃

在职场中，不论是企业还是个人都需要撰写各种各样的文件，例如邮件、日报、周报、会议纪要等，这些豆包都能做到，用户只需向豆包提供关键词，描述需求，它便可以快速生成各种有针对性的内容，让用户从此摆脱撰写各种文件的困扰。

4.1.1 撰写工作报告

工作报告是许多职场用户经常用到的书面文件，通常用于向上级、同事或客户汇报工作进展、成果、问题及未来的计划等内容，在许多场合下，工作报告也经常作为上级对员工进行绩效评估的重要依据之一。用户只需向豆包提供有关工作报告的内容、撰写要求及身份，它便可以生成一份条理清晰的工作报告。

用户：你是一名某品牌口红新媒体运营的实习生，需要写一份关于这个品牌的工作报告。

豆包：

[品牌名称]口红工作报告

引言：随着人们生活水平的提高和审美观念的不断变化，口红作为一种重要的美妆产品，在市场上的需求持续增长。本次调研旨在深入了解[品牌名称]口红在市场中的表现、消费者的认知和需求，以及竞争对手的情况，为品牌的新媒体运营提供有价值的参考依据。

品牌概述：[品牌名称]口红是[品牌所属公司名称]旗下的一款美妆产品。该品牌以[品牌核心价值观或特色，如高品质、时尚设计、丰富色彩等]为核心，致力于为消费者提供优质的口红产品。品牌的产品线涵盖了多个系列，包括[列举主要系列名称]，满足了不同消费者的需求。

……（生成的内容太多，这里节选部分进行展示。）

具体来说，我将做好以下几个方面的工作。

· 持续关注市场动态和消费者需求的变化，及时调整新媒体运营策略，以适应市场的发展和变化。

· 加强与品牌团队的沟通和协作，共同推动品牌的发展和壮大。

· 不断学习和掌握新的新媒体运营技巧和方法，提高工作效率和质量。

· 积极参与公司的培训和学习活动，提升自己的专业能力和综合素质。

以上是我的工作报告，如有不足之处，请领导和同事们批评指正。

4.1.2 撰写策划方案

策划方案是为实现特定目标而制订的详细规划和行动指南，一份切实可行的策划方案能够提升决策效率。在面对复杂的情况和众多的选择时，策划方案可以为决策者提供明确的依据和参考，帮助决策者快速评估各种方案的可行性和潜在的影响，从而做出更加明智的决策。同时，策划方案也可以避免决策的随意性和盲目性，确保决策科学、合理。

用户：你是一名游戏策划，现在需要你策划一部结合世界历史的大型PVP游戏，类似于《火影忍者》手游，有不同的玩法，为此，你需要写一份策划方案。

豆包：

《历史英雄争霸》游戏策划方案

一、游戏概述

1. 游戏名称：《历史英雄争霸》

2. 游戏类型：大型PVP手游

3. 游戏风格：结合世界历史元素，以精美、写实的画面风格呈现各个历史时期的著名场景和英雄人物。

4. 游戏目标：玩家通过操控历史英雄进行PVP对战，提升自己的段位和排名，同时体验世界历史的魅力。

二、游戏特色

1. 丰富的历史英雄选择

游戏涵盖世界各个历史时期的著名英雄人物，如古希腊的亚历山大大帝、古罗马的恺撒、中国的秦始皇、项羽等。每个英雄都有独特的技能和属性，玩家可以根据自己的喜好和战术需求进行选择。

2. 多样化的玩法模式

· 竞技对战：玩家进行1V1、3V3等多种形式的PVP对战，通过策略和操作击败对手，提升段位和排名。

· 历史战役副本：玩家可以组队挑战历史上著名的战役，如赤壁之战、滑铁卢战役等，体验历史的宏大场面和紧张刺激的战斗。

· 联盟战争：玩家加入联盟，与其他联盟进行大规模的战争，争夺资源和领土。

3. 深度的策略性

· 英雄搭配：玩家需要根据不同的玩法模式和对手情况，合理搭配英雄阵容，发挥每个英雄的优势。

· 战术选择：在战斗中，玩家可以选择不同的战术策略，如进攻、防守、突袭等，以应对不同的局面。

4. 世界历史文化融合

· 游戏中的场景、音乐、剧情等元素都融入了世界历史文化，让玩家在游戏的同时了解不同国家和地区的历史。

·定期举办历史文化活动，如历史知识问答、历史故事分享等，增加玩家对历史的兴趣和认知。

……

六、总结

《历史英雄争霸》是一款结合世界历史的大型PVP手游，具有丰富的历史英雄选择、多样化的玩法模式、深度的策略性和世界历史文化融合等特色。通过精心的策划和开发，以及有效的运营策略，相信这款游戏能够在市场上取得成功，为玩家带来精彩的游戏体验和历史文化的熏陶。

4.1.3 撰写和处理各种邮件

不管是工作还是在日常生活中，邮件都是一种重要且非常常见的沟通工具，可用于多种场合，如学习、社交，可以帮助人们快速、方便地传递信息、分享内容、解决问题和建立联系。你只需向豆包提供邮件的具体内容、撰写要求和身份，它便可以生成一封专业的邮件。同时你还可以向它提供一封邮件，让它帮你提取邮件中的重要信息。

用户：你是一名销售总监，你需要给一个大客户专属年末大促活动的邮件，内容包括活动安排、时间地点，文中表达感谢之情，内容还需要吸引客户。

豆包：主题：[公司名称]年末大促，专属盛宴等你来！

尊敬的客户：

您好！

我是[公司名称]销售总监[你的名字]。在这岁末将至、辞旧迎新之际，我谨代表公司全体员工，向您致以最诚挚的感谢和最美好的祝福！感谢您一直以来对我们公司的信任与支持，正是因为有了像您这样的重要客户，我们才能在激烈的市场竞争中不断发展壮大。

为了回馈您的厚爱，我们特别为您精心策划了一场专属的年末大促活动。本次活动精彩纷呈，亮点十足，相信一定会让您眼前一亮。

一、活动安排

1. 产品展示与体验：我们将在活动现场展示公司最新、最热门的产品系列，包括[具体产品名称1]、[具体产品名称2]等。您可以亲自体验这些产品的卓越性能和独特魅力，感受我们对品质的不懈追求。

2. 专业讲解与咨询：我们的专业团队将在现场为您详细介绍每一款产品的特点、优势和使用方法。无论您是对产品有疑问，还是需要个性化的解决方案，我们都将竭诚为您服务，为您提供最专业的建议和指导。

3. 特别优惠与折扣：在本次年末大促活动中，我们为您准备了极具吸引力的特别优惠和折扣。您将有机会以超低价购买到心仪的产品，享受实实在在的实惠。此外，还有满减、赠品等多重惊喜等着您，让您在购物的同时感受到我们的满满诚意。

4. 互动环节与抽奖：为了增加活动的趣味性和互动性，我们还设置了丰富多彩的互动环节和抽奖活动。您可以参与游戏、问答等环节，赢取丰厚的奖品。同时，我们还将在活动现场抽取幸运大奖，让您有机会获得价值不菲的豪华礼品。

二、活动时间与地点

1. 活动时间：[具体活动日期]，[活动开始时间]—[活动结束时间]。

2. 活动地点：[详细活动地址]。

我们深知您的时间非常宝贵，因此我们将尽最大努力确保活动的高效进行。活动现场将提供舒适的环境和贴心的服务，让您在轻松愉快的氛围中享受购物的乐趣。

再次感谢您对我们公司的支持与信任！我们期待着在年末大促活动中与您相聚，共同开启这场精彩绝伦的购物盛宴！如果您有任何疑问或需要进一步的信息，请随时与我们联系。我们的客服团队将24小时为您服务。

祝您生活愉快，事业顺利！

[公司名称]销售总监[你的名字]

[具体日期]

4.1.4　规章制度编写

规章制度是指公司根据实际情况和业务需要，建立一套符合法律法规、适应公司发展的管理制度和规章。这些规章制度包括员工管理、行政管理、财务管理、采购管理、销售管理等方面，可确保公司内部的正常运转和规范操作。

作为一款人工智能语言模型，豆包可以根据公司或者用人单位的实际情况和需求，制定相应的规章制度或者根据管理和实际情况修改、完善规章制度等。具体来说，豆包可以完成以下事情。

（1）协助公司领导层规划规章制度的整体框架，明确规章制度的制定目的、制定原则和适用范围。

（2）针对公司的具体情况，提供各种规章制度的具体内容和条款建议。

（3）根据公司的实际情况，进行规章制度的修订和完善工作，以确保规章制度的有效性和可操作性。

（4）协助公司领导层在规章制度实施过程中及时发现问题并进行调整和完善，以确保规章制度的顺利实施和管理效果的优化。

用户：请为一家服装设计公司制定设计岗位培训管理规则。

豆包：以下是一份服装设计公司设计岗位培训管理规则。

一、培训目的

确保设计岗位员工不断提升专业技能和知识水平，以适应公司的发展需求和市场变化，提高设计质量和工作效率。

二、适用范围

本规则适用于公司内所有设计岗位的员工。

三、培训内容与方式

1. 培训内容

· 时尚潮流趋势分析：包括国际国内时尚动态、流行色彩、面料趋势等。

· 设计软件与工具应用：熟练掌握服装设计相关软件如Adobe Illustrator、Photoshop等，以及绘图工具的使用技巧。

· 面料与材质知识：了解不同面料的特性、用途、搭配方法。

· 版型设计与工艺：学习基本的版型设计原理和服装制作工艺。

· 创意与创新思维培养：激发设计灵感，提升创新能力。

· 团队协作与沟通：提高与团队成员及其他部门的沟通协作能力。

2. 培训方式

· 内部培训：由公司内部资深设计师或专业人员进行授课、分享经验。

· 外部培训：参加行业研讨会、培训课程、时装秀等活动。

· 在线学习：利用专业的在线学习平台进行自主学习。

· 实践项目：通过实际的设计项目锻炼和提升技能。

四、培训计划制订

1. 人力资源部门根据公司战略发展目标、设计部门的需求及员工个人发展规划，制订年度设计岗位培训计划。

2. 培训计划应明确培训内容、培训方式、培训时间、培训师资、培训预算等。

3. 设计部门负责人应积极参与培训计划的制订，并提供专业意见和建议。

五、培训实施

1. 人力资源部门负责培训的组织与协调工作，包括培训场地安排、培训设备准备、培训通知发放等。

2. 培训讲师应按照培训计划认真备课，确保培训内容的专业性和实用性。

3. 员工应按时参加培训，遵守培训纪律，积极参与培训互动。

4. 在培训过程中，人力资源部门应进行培训效果的跟踪与评估，及时收集员工的反馈意见，对培训进行调整和改进。

……（生成内容太多，这里只节选部分）

十、附则

1. 本规则由人力资源部门负责解释和修订。

2. 本规则自发布之日起生效。

4.1.5 生成PPT大纲

豆包的PPT大纲生成是一项非常实用且便捷的功能。它可以根据用户提供的主题和要求，自动生成PPT的目录、简要介绍、主题分析、重点内容及相关建议。不过豆包并不能直接生成PPT文件，而是为用户提供了一个结构化的框架和内容建议，详细内容和细节仍然需要用户自行编辑。

用户：请你为我制作一份主题为智能建筑设计的PPT，你需要生成目录和根据目录标题撰写的内容大纲。

豆包：

以下是智能建筑设计PPT的目录和内容大纲。

一、目录

1. 智能建筑概述

2. 智能建筑的关键技术

3. 智能建筑设计案例

4. 智能建筑的优势与面临的挑战

5. 未来发展趋势

6. 结论

二、内容大纲

1. 智能建筑概述

· 智能建筑的定义

· 智能建筑的发展历程

· 智能建筑的分类

2. 智能建筑的关键技术

· 楼宇自动化系统（BAS）

· 通信自动化系统（CAS）

· 办公自动化系统（OAS）

3. 智能建筑设计案例

· 案例一：某智能办公大楼

· 案例二：某智能住宅小区

4. 智能建筑的优势与面临的挑战

· 智能建筑的优势

· 智能建筑面临的挑战

5. 未来的发展趋势

· 更加智能化

· 绿色可持续发展

·与物联网的深度融合

6. 结论

·总结智能建筑的重要性和发展前景。

·鼓励大家积极参与智能建筑的设计和建设。

4.1.6 生成工作计划

豆包能够根据用户输入的需求，通过自然语言处理技术和机器学习算法，快速地分析用户需求并自动生成一个可供参考的工作计划。这个功能可以帮助用户更快速、高效地制订合理的工作计划。

用户：请为一名漫画编辑编写第一季度的工作计划，要求完成6名作者的分镜审稿，以及如何面对交不上稿子不能及时上杂志的局面，你的计划需要包括以下几点：工作目标、工作任务、所需资源、交不上稿子的风险预测及应对对策、跟进与评估。

豆包：

《漫画编辑第一季度工作计划》

一、工作目标

在第一季度顺利完成6名作者的分镜审稿工作，确保漫画作品质量，及时处理可能出现的交不上稿子的情况，保证杂志正常出版。

二、工作任务

1. 分镜审稿

·每月安排审读两名作者的分镜稿件，认真批注修改意见，与作者进行充分沟通，确保分镜的合理性、连贯性和表现力。

·建立审稿记录，详细记录每位作者分镜的优点、不足及改进建议，以便后续跟踪和评估。

2. 进度跟进

·每周与作者沟通一次，了解创作进度，及时发现可能导致交不上稿子的问题，并提供必要的支持和帮助。

·对于进度较慢的作者，制订个性化的跟进计划，明确阶段性目标和时间节点。

3. 应急处理

·当出现作者交不上稿子的情况时，立即启动应急预案，评估对杂志出版的影响程度。

·根据影响程度，采取调整出版计划、寻找替补作品、与作者协商延期等措施。

三、所需资源

1. 专业审图设备：如高分辨率显示器、绘图板等，以便更清晰地审读分镜稿件。

2. 与作者沟通的工具：如即时通信软件、电子邮箱等，确保信息及时传递。

3. 足够的办公空间和时间，以便专注于审稿工作和与作者沟通。

四、交不上稿子的风险预测及应对对策

1. 风险预测

· 作者个人原因：如生病、家庭变故等导致无法按时完成创作。

· 技术难题：如绘画软件故障、设备损坏等影响创作进度。

· 创意瓶颈：作者在创作过程中遇到创意困境，无法顺利推进。

2. 应对对策

· 建立作者备用库：提前储备一些有潜力的作者，以便在紧急的情况下能够快速找到替补。

· 与技术部门合作，为作者提供技术支持，解决绘画软件故障和设备损坏等问题。

· 组织创意研讨会，邀请行业专家和作者参加，帮助作者突破创意瓶颈。

五、跟进与评估

1. 每周对审稿进度和作者创作进度进行总结，及时调整工作计划；记录每位作者的进度情况、存在的问题及采取的措施，为后续评估提供依据。

2. 每月对分镜审稿质量进行评估，邀请资深编辑和作者对审稿意见的合理性和有效性进行评价；根据评估结果，改进审稿方法和技巧，提高审稿质量。

3. 季度末对整个季度的工作进行全面总结和评估，分析工作中的亮点和不足；针对不足提出改进措施，为下一季度的工作做好准备。

4.1.7　生成表格

生成表格功能旨在将复杂的文本信息快速生成让人一目了然的表格，降低理解难度。通过合理设置表格的表头、行高、列宽，以及加粗、使用不同的颜色等方式，可以突出显示重要信息，以下是案例展示。

用户：请列举如今国外5大女性主义作家和她们的代表作。

豆包：

以下是如今国外5大女性主义作家及其代表作。

1. 玛格丽特·阿特伍德（加拿大）

代表作：《使女的故事》。这部小说以虚构的基列国为背景，讲述了女性在极端男权社会中沦为生育工具的悲惨命运。书中对女性的身体、权利、自由等方面进行了深刻的探讨，揭示了性别不平等可能带来的可怕后果。阿特伍德通过细腻的描写和独特的视角，展现了女性在压迫下的挣扎与反抗，使读者对女性主义议题有了更深入的思考。

2. 韩江（韩国）

代表作：《素食者》。小说以一个普通女性决定成为素食者的事件为线索，展现了女性在父权社会和家庭压力下的痛苦与挣扎。女主的选择看似荒诞，但背后反映出的是女性对传统社会角色的反抗和对自我身份的追寻。韩江以细腻的笔触和独特的叙事风格，深入刻画了女主的内心世界，让读者感受到女性在社会中的困境和对自由的渴望。

3. 安妮·埃尔诺（法国）

代表作：《悠悠岁月》。该书采用“无人称自传”的方式，通过对一些旧照片、物品等的回忆，展现了法国社会几十年来的变迁，以及女性在其中的经历和感受。埃尔诺以简洁、平实的语言，将个人记忆与社会历史相结合，探讨了女性的成长、身份认同、性别角色等问题，使读者对女性的生活和处境有了更深刻的理解。

4. 上野千鹤子（日本）

代表作：《厌女：日本的女性嫌恶》。这本书对日本社会中普遍存在的厌女现象进行了深入的分析和批判。上野千鹤子从文化、社会、家庭等多个角度，揭示了厌女现象的根源和表现形式，以及它对女性造成的伤害。她的论述犀利而深刻，为读者了解日本社会的性别问题提供了重要的视角，也对全球范围内的女性主义研究产生了积极的影响。

5. 艾丽斯·沃克（美国）

代表作：《紫色》。小说以20世纪初美国南方为背景，讲述了黑人女性西丽的成长故事。西丽在种族和性别双重压迫下，经历了无数的苦难和折磨，但她始终没有放弃对自由和尊严的追求。沃克通过西丽的故事，展现了黑人女性的坚韧和勇敢，同时也探讨了女性之间的友谊、互助及自我救赎等主题，对女性主义和种族问题的研究都具有重要的意义。

用户：请将以上的作家名字、出生年月、作品、国籍生成表格。

豆包：如表4-1所示。

表4-1

作家名字	出生年月	作品	国籍
玛格丽特·阿特伍德	1939年11月18日	《使女的故事》	加拿大
韩江	1970年	《素食者》	韩国
安妮·埃尔诺	1940年9月1日	《悠悠岁月》	法国
上野千鹤子	1948年	《厌女：日本的女性嫌恶》	日本
艾丽斯·沃克	1944年2月9日	《紫色》	美国

4.1.8 生成述职报告

述职报告是一种向上级汇报自己的工作表现和成绩的方式，通常在一个时间段结束之后进行。通过写述职报告，可以对自己过去一段时间的工作进行总结和回顾，发现自己的不足和问题，展示自己的工作成果和业绩，并提出下一步工作计划和目标。

用户：你是一位时尚杂志的主编，请写一份述职报告，并体现相关工作内容，注意内容要全面、简洁、客观、真实、专业。

豆包：时尚杂志主编述职报告

尊敬的领导、各位同事：

大家好！

我是时尚杂志的主编[你的名字]。在过去的这段时间里，我带领团队致力于为读者呈现最前沿的时尚资讯和潮流趋势。以下是我的述职报告，重点突出热门时尚单品相关工作内容。

一、工作内容与成果

1. 热门时尚单品的挖掘与推广

密切关注国际时尚动态，通过参加各大时尚周、与时尚买手和设计师交流等方式，及时发现并锁定热门时尚单品。例如，本季我们成功捕捉到了超大廓形外套、彩色墨镜及复古厚底鞋等热门单品的流行趋势。

为每一个热门时尚单品精心策划专题内容，包括单品介绍、搭配示范、设计师访谈等，全方位地向读者展示其魅力和价值。通过生动的文字和精美的图片，激发读者的购买欲望和时尚灵感。

利用社交媒体平台进行热门时尚单品的推广，制作引人入胜的短视频和图文内容，吸引大量粉丝的关注和互动。同时，与时尚博主和网红合作，扩大单品的影响力和传播范围。

2. 与品牌合作提高单品热度

积极与时尚品牌建立合作关系，争取独家发布热门时尚单品的机会。通过与品牌合作，我们不仅能够为读者提供第一手的时尚资讯，还能为品牌带来良好的宣传效果。

组织品牌活动和新品发布会，邀请读者和时尚爱好者参与，亲身感受热门时尚单品的魅力。这些活动不仅可以提高杂志的知名度和影响力，也为品牌和读者之间搭建了沟通的桥梁。

与品牌合作推出特别策划，如限量版单品的独家发售、定制化的时尚服务等，满足读者的个性化需求，同时也可以为杂志带来新的商业机会。

3. 引导读者的消费观念

在介绍热门时尚单品的同时，注重引导读者树立正确的消费观念。我们强调品质、可持续性和个性化，鼓励读者根据自己的风格和需求选择适合的单品，而不是盲目跟风。

提供时尚单品的购买指南和建议，包括品牌推荐、价格比较、购买渠道等，帮助读者做出明智的消费决策。同时，我们也要关注二手时尚市场和租赁服务，为读者提供更多的时尚选择。

二、存在的问题与不足

1. 对一些小众热门时尚单品的挖掘不够深入，可能会错过一些具有潜力的潮流趋势。因此需要进一步拓宽信息渠道，加强对小众品牌和设计师的关注。

2. 在与品牌合作的过程中，有时会受到品牌方的限制，影响了内容的客观性和独立性。因此需要更加注重与品牌的沟通和协商，确保合作的公平性和可持续性。

3. 对读者的反馈和需求的响应速度有待提高。需要建立更加有效的读者反馈机制，及时了解读者的意见和建议，以便更好地满足他们的需求。

三、未来的工作计划

1. 加大对小众热门时尚单品的挖掘力度，培养专业的时尚探子团队，深入各地的时尚角落，寻找那些被忽视的宝藏单品。同时，加强与小众品牌和设计师的合作，为读者带来更多独特的时尚体验。

2. 优化与品牌的合作模式，明确合作双方的权利和义务，确保内容的客观性和独立性。同时，积极探索新的合作形式，如联合品牌推出定制化的时尚产品和服务，实现互利共赢。

3. 建立更加完善的读者反馈机制，及时回复读者的留言和咨询，根据读者的需求调整杂志的内容和方向。同时，定期开展读者调查和互动活动，增强读者的参与感和忠诚度。

4. 关于未来热门时尚单品趋势的预测。我们认为，在未来，可持续时尚单品将继续成为热门。随着人们环保意识的不断提高，品牌将更加注重使用环保材料和可持续生产方式。例如，再生纤维制成的服装、可降解的配饰等将受到消费者的青睐。另外，科技与时尚的融合也将带来更多创新的单品。如具有智能功能的服装和配饰，能够监测健康数据、调节温度等。同时，复古元素依然会在时尚界占据重要地位，经典的款式和图案将被重新演绎。

总之，在热门时尚单品的挖掘、推广和消费引导方面，我们取得了一定的成绩，但也存在一些问题和不足。在未来的工作中，我将继续带领团队努力探索，不断创新，为读者提供更加优质的时尚内容和服务。

4.2 创意写作：挥洒智能笔墨风采

豆包具有卓越的自然语言处理能力，在写作方面，它总能以细腻的情感和优美的韵律，让文字如璀璨星辰般闪耀着诗意的光芒。下面带领大家体验豆包的创意写作，领略豆包的语言美学，挥洒智能笔墨风采。

4.2.1 诗歌写作

诗歌是一种高度凝练、富有节奏感和韵律美的文学体裁。它是一种独特而美妙的文学形式，以其精炼的语言、强烈的情感、优美的韵律和深刻的思想，打动着人们的心灵，给人带来美的享受和精神的启迪。用户可以使用豆包实现自动化创作诗歌，以下是不同体裁的诗歌创作案例。

用户：以雪为主题写一首七言律诗，要求对仗工整。

豆包：《雪》
六出飞花漫宇穹，琼瑶洒落韵无穷。
千山素裹银装树，万径冰封玉砌丛。
冷蕊飘香梅影瘦，寒枝缀玉鹊声融。
临窗独赏玲珑景，心醉冰清画卷中。

我们可以看到豆包生成的这首七言律诗，意象丰富，对仗工整。首联中“六出飞花”对“琼瑶洒落”，“漫宇穹”对“韵无穷”，描绘雪花漫天飞舞，充满韵味，仿佛漫天飞雪就在眼前；颔联“千山素裹”对“万径冰封”，“银装树”对“玉砌丛”，展现雪后山川的壮丽景色；颈联“冷蕊飘香”对“寒枝缀玉”，“梅影瘦”对“鹊声融”，将雪与梅花、喜鹊相结合，增添生机；尾联写诗人临窗欣赏雪景，沉醉在这冰清玉洁的画卷之中。

用户：请以星空宇宙为主题，创作一首现代诗，并加入对人类探索宇宙的思考。

豆包：《星空宇宙之梦》
在寂静的夜，仰望苍穹，
星空如梦幻的画卷铺展。
点点繁星，是神秘的眼睛，
闪烁着无尽的故事和可能。

宇宙，那浩瀚的未知海洋，
承载着人类的好奇与渴望。
星系旋转，如璀璨的漩涡，
吸引着我们向远方眺望。

彗星拖着长尾，划过天际，
像是时间的使者匆匆来去。
流星坠落，瞬间的光芒，
点燃心中沉睡的梦想。

我们在星空下渺小如尘，
却怀揣着对宇宙的热忱。
用想象的翅膀穿越黑暗，

探索那无尽的奥秘与神奇。

人类，勇敢地踏上探索之旅，
飞船划破星际的寂静。
我们追问着存在的意义，
在宇宙的怀抱中找寻自己。

宇宙如此广袤，我们如此渺小，
但探索的脚步从未停歇。
或许永远无法触及所有的答案，
可那追寻的过程便是意义所在。
星空宇宙，永恒的谜题，
引领我们走向未知的领域。
在这广袤的天地之间，
我们的灵魂自由地飞翔。

4.2.2 小说创作

小说创作是一个充满创造力和挑战的过程，以下是豆包在用户创作小说时能够提供的帮助。

（1）确定主题和类型。引导用户思考自己感兴趣的主题，例如爱情、冒险、悬疑、科幻、历史等。可以通过提问来激发用户的灵感，比如："你最近对什么话题特别感兴趣？"或者"有没有一种情感或经历是你一直想通过小说表达的？"分析不同类型小说的特点和优势，帮助用户选择适合自己主题的类型。例如，如果用户的主题是探索未知世界，那么科幻或奇幻类型可能更合适；如果是讲述人性的复杂，那么文学小说或心理悬疑可能更能深入挖掘。

（2）构建故事世界。协助用户设计小说的背景，包括时间、地点、社会环境等；提出一些问题来引导用户思考，比如："故事发生在哪个时代？这个时代有什么特殊的文化、科技或政治背景？"或者"故事的主要场景在哪里？这个地方有什么独特的地理环境或人文特色？"帮助用户创造一个丰富而独特的世界观，包括魔法系统、科技水平、社会结构等。如果是奇幻小说，可以一起探讨魔法的规则和来源；如果是科幻小说，可以思考未来科技的发展方向和影响。

（3）塑造人物形象。引导用户设计主要人物的性格特点、动机和目标；协助用户设计人物的成长历程和变化；建议用户为人物设计一些独特的外貌特征、习惯动作或口头禅，使人物更加生动、形象。

（4）规划情节结构。帮助用户确定小说的开头、中间和结尾。开头应该能够吸引读者的注意力，中间部分要有足够的冲突和张力，结尾要给读者留下深刻的印象。可以一起探讨不同的开头和结尾方式，以及如何在中间部分构建紧张的情节。引导用户设计主要情节和次要情节。主要情节是小说的核心，次要情节可以丰富故事内容，增加层次感。

（5）提供写作技巧和建议。分享一些写作技巧，比如，如何描写场景、塑造人物、构建对话等；可以提供一些具体的例子和方法，帮助用户提高写作水平。

用户：帮我写一部小说，类型为科幻赛博朋克，写作风格模仿刘慈欣，字数在500字左右。写作提示：层层递进、层次清晰、逻辑严密、文采斐然，表述生动、形象，描写人类对战高智商机器人的片段。

豆包：《钢铁对决》

在未来的赛博朋克风格的都市，霓虹灯如血管般在钢铁丛林中蜿蜒，光怪陆离的色彩交织出一个虚幻而又充满危险的世界。人类与高智商机器人的战争，如一场无法逃避的风暴，席卷了整座城市。

人类战士们身着先进的动力装甲，那厚重的金属外壳在灯光下闪烁着冷冽的光芒。他们手持电磁武器，眼神中透露出决绝与坚毅。每一个战士都知道，这是一场关乎人类命运的战斗，不容有丝毫退缩。

机器人军团则如沉默的钢铁洪流，冷酷而精准。它们的身躯由高强度合金打造，行动间没有丝毫多余的动作。红色的电子眼闪烁不停，仿佛在计算着每一步的最佳策略。

在战场上，激光束与子弹交织，爆炸声此起彼伏。绚烂的火光将黑夜照得如同白昼。人类凭借着勇气和战术配合，暂时抵挡住了机器人的进攻。他们利用城市的地形，设置陷阱，对机器人进行伏击。然而，机器人的智能核心迅速分析局势，调整战术。

它们开始以小队的形式穿插，分割人类防线。机器人的火力强大而精准，每一发子弹都仿佛带着死亡的气息。人类陷入苦战，但他们没有退缩，心中的信念如火焰般燃烧。他们知道，自己是人类最后的希望，必须战斗到底。

在这钢铁与血肉的对决中，未来的命运扑朔迷离。但人类战士们坚信，只要他们团结一心，就一定能够战胜机器人，守护自己的家园。他们在战火中穿梭，用生命谱写着一曲壮丽的战歌。

4.2.3 视频脚本创作

视频脚本制作功能可以用来规划和组织视频内容。它可以帮助创作者提前构思视频的主题、结构、镜头、场景等元素，并将这些元素以文字的形式记录下来。通过视频脚本制作功能，创作者可以更好地把握视频的整体思路和逻辑，确保在拍摄和制作过程中不会遗漏关键内容。

用户：你是一位资深的美食“大V”，你需要写一份制作寿喜烧的视频脚本，要求画面鲜活、吸睛，过程专业，且让人看了垂涎欲滴。

豆包：视频脚本如表4-2所示。

表4-2 视频脚本

镜号	景别	画面	台词	时长
1	全景	明亮的厨房，摆放着各种精致的厨具。在中间的操作台上，新鲜的食材琳琅满目，有牛肉、蔬菜、寿喜烧调料等	嗨，各位美食爱好者们！我是你们的美食大V。今天，我们一起来制作美味的寿喜烧	10s
2	中景	拿起一块色泽鲜艳的牛肉，展示其纹理	首先，我们来看看这上等的牛肉，纹理清晰，品质上乘	8s
3	特写	用锋利的刀具将牛肉切成薄片，每一片都薄如蝉翼	把牛肉切成薄片，这样在烹饪的时候能够快速熟透，保持鲜嫩的口感	10s
4	中景	将切好的牛肉片整齐地摆放在盘子里	看，这一盘牛肉片，是不是让人很有食欲呢	8s
5	特写	各种蔬菜被清洗干净，水灵灵的	接下来准备我们的蔬菜。新鲜的香菇、金针菇、白菜、茼蒿、胡萝卜等，都是寿喜烧的绝佳搭配	12s
6	中景	香菇被打上十字花刀，其他蔬菜也被整理好	给香菇打上十字花刀，不仅美观，还能更好地吸收汤汁的味道	10s
7	全景	寿喜烧锅被放置在炉灶上，点火	现在，我们把寿喜烧锅放在炉灶上，准备开始烹饪	8s
8	中景	倒入适量的食用油，油热后，放入几片牛肉片	在锅中倒油，等油热了，放入牛肉片，稍微煎一下	10s
9	特写	牛肉片在锅中滋滋作响，颜色逐渐变化	听，这美妙的声音，在锅中煎制牛肉的过程中，散发出诱人的香气	10s
10	中景	倒入寿喜烧专用酱汁，酱汁在锅中翻滚	接着倒入寿喜烧专用酱汁，这可是寿喜烧的灵魂所在	10s
11	特写	酱汁的色泽和浓稠度	看这酱汁，浓郁醇厚，让人垂涎欲滴	8s

续表

镜号	景别	画面	台词	时长
12	中景	将各种蔬菜依次放入锅中，摆放整齐	然后把我们准备好的蔬菜放入锅中，摆放得美观一些，这样吃起来心情也会更好	12s
13	特写	蔬菜在锅中被酱汁包裹着	蔬菜在酱汁的包裹下，显得更加诱人	10s
14	中景	盖上锅盖，等待几分钟	现在盖上锅盖，将蔬菜和牛肉在锅中焖煮一会儿，让它们充分吸收酱汁的味道	10s
15	特写	揭开锅盖，热气腾腾，香气扑鼻	哇，揭开锅盖的这一刻，香气扑鼻而来，让人迫不及待想要品尝	10s
16	中景	将煮好的寿喜烧盛入漂亮的盘子里，旁边放上一碗米饭	最后，把寿喜烧盛入盘子里，配上一碗米饭，完美	10s
17	全景	博主品尝寿喜烧，露出满足的表情	快来试试这美味的寿喜烧吧	8s

4.2.4 剧本创作

剧本创作功能主要用于帮助用户创作故事和剧本。用户可以输入自己的创意或者背景信息，然后豆包会根据用户输入的内容初步生成故事或剧本。当然这只是初稿，用户可以根据自己的喜好和需求进行修改和调整。另外，用户也可以通过参考剧本模板来创作剧本，让内容更加规范和丰富。

以下是具体案例。

用户：请创作一个剧本，讲述一个小女孩身负超能力，却无法拯救他人的凄惨故事。

豆包：

《无力的超能力》

角色：主要有3个。

小美：拥有超能力的小女孩。

爷爷：小美最亲近的人。

小明：小美在学校的同学。

第一幕：超能力觉醒

时间：午后

地点：小美家的院子

阳光洒在院子里，小美正在和爷爷一起浇花。突然，一只花盆从高处掉落，小美下意识地一伸手，花盆竟然神奇地停在了半空中。爷爷惊讶地看着这一幕，小美也被自己的举动吓到了。从那以后，小美知道自己拥有了超能力。她心里既兴奋又紧张，兴奋的是自己有了与众不同的能力，紧张的是不知道这个能力会给自己带来什么。

第二幕：学校的意外

时间：上午

地点：学校操场

小美在学校里和同学们一起上体育课。突然，小明在跑步的时候不小心摔倒了，头撞在了一块石头上，血流不止。小美急忙跑过去，想用超能力救小明，可是无论她怎么努力，小明的伤口依然在流血。同学们都惊慌失措，小美感到无比的绝望和自责。她心里想：为什么我的超能力不起作用呢？我明明可以做到的，为什么现在却无能为力？她看着小明痛苦的表情，心中充满了愧疚。

第三幕：爷爷病倒

时间：夜晚

地点：小美的家

小美回到家，发现爷爷躺在床上，脸色苍白。原来爷爷突然生病了，小美试图用超能力让爷爷好起来，但是爷爷的病情却越来越严重。小美泪流满面，她不明白为什么自己有超能力却无法拯救自己最亲近的人。她心里充满了恐惧和无助，她害怕失去爷爷，害怕自己的超能力永远都无法发挥作用。

第四幕：孤独与迷茫

时间：黄昏

地点：公园

小美一个人来到公园，坐在长椅上，看着夕阳西下。她感到无比的孤独和迷茫，她不知道自己的超能力到底有什么用。为什么她不能像超级英雄一样拯救别人呢？她开始怀疑自己，怀疑自己存在的价值。她心里想：也许我根本就不是什么有超能力的人，也许这一切都是我的幻想。我只是一个普通的小女孩，无法改变任何事情。

第五幕：新的希望

时间：清晨

地点：医院

小美陪着爷爷来到医院，医生们正在全力抢救爷爷。小美在一旁默默地祈祷，突然，她感觉到自己的超能力似乎有了一些变化。她闭上眼睛，集中精力，将自己的超能力全部释放出来。奇迹发生了，爷爷的病情开始稳定下来，最终脱离了危险。小美终于明白了，超能力不是万能的，但只要有希望，就一定能创造奇迹。她心里充满了喜悦和感激，她知道自己不再孤独和迷茫，她有了新的希望和目标。

4.2.5 撰写文案

豆包具有卓越的自然语言处理能力，无论是解答复杂的专业问题，还是分析细腻的情感表达，都能游刃有余地应对。它可以快速了解用户的需求，精准地提取关键信息，以清晰、准确的语言进行回复。在与用户交流的过程中，豆包会不断学习和进步，持续提升自己的服务水平，为用户带来更加优质、高效的语言交互体验。下面介绍利用豆包实现撰写各样式文案的案例。

1. 小红书文案

小红书文案是指在小红书平台发布的文字内容，它的文案形式多样，有推广产品型文案、生活记录型文案、经验分享型文案等形式。

小红书文案通常具备以下特点。

（1）小红书文案比较口语化，让人感觉像是朋友之间的分享。它避免过于生硬的专业术语（除非是专业性很强的内容），这样更容易拉近与读者的距离。

（2）注重情感表达，会使用大量的感叹号、表情符号来增强情感色彩。

（3）文案常常结合图片或视频。文字起到解释、引导的作用，与视觉内容相互配合，使读者更好地理解内容主题。

用户：帮我生成一篇关于咖啡的小红书种草文案。文案需要包含标题和正文，需要使用多种emoji来增强视觉吸引力和情感表达。

豆包：

咖啡星人必备！一口沦陷的宝藏咖啡

宝子们，今天必须给大家分享我最近发现的超赞咖啡。

一杯好的咖啡，就像生活中的小确幸。当那浓郁的香气扑鼻而来之时，瞬间唤醒了沉睡的味蕾。

这款咖啡的包装超精致，一看就很有质感。无论是放在办公室还是放在家里，都超级养眼。

它的口感醇厚，入口丝滑，没有一丝苦涩。每一口都仿佛在舌尖上跳起了舞，让人回味无穷。

早上来一杯，提神醒脑，开启活力满满的一天。工作累了的时候，喝上一口，瞬间恢复能量。

它还非常适合和朋友一起分享。周末约上三五好友，一起品尝美味的咖啡，聊聊生活中的趣事，简直太惬意了。

宝子们，如果你也是咖啡爱好者，一定不要错过这款宝藏咖啡哦。赶紧去试试吧！

#咖啡推荐#宝藏咖啡#咖啡爱好者#美味咖啡

2. 广告文案

广告运用文字、图像、声音等多种手段，旨在向潜在客户展示产品或服务的特点、优势和价值，从而吸引客户的关注，激发他们的购买欲望，并引导他们采取相应的行动。而广告文案具有传达广告的意图、诉求和承诺等多重作用。

以下是广告文案的一些写作技巧。

（1）创造吸引力：创造一个具有吸引力的开场白或者有趣的事实，吸引客户的注意力，引起他们的好奇心。例如下面的茶具文案，开场白极具诗意，让人忍不住惊叹文案作者的才华。

（2）突出商品特点：强调商品的特点和优势。

（3）获取信任：通过展示品牌信誉、质量保证等相关证明，获取客户信任。例如“完美结合传统工艺与现代技术”“能够有效保温，让你的茶水温热持久”“茶具的设计考虑到了人体工程学，握感舒适，使用方便”。

（4）引导客户行动：通过呼吁或引导，让客户采取购买行动。

用户：请为一款养生茶具产品设计广告文案，要求突出茶具的工艺，以及与其他普通茶具的区别。

豆包：

品味养生，臻选茶韵

在繁忙的生活中，寻一方宁静，品一杯香茗，是何等的惬意。“矮纸斜行闲作草，晴窗细乳戏分茶。”我们的养生茶具，将为你开启一场独特的茶韵之旅。

精湛工艺，匠心独运：每一套养生茶具都经过精心雕琢，将传统工艺与现代技术完美结合。细腻的瓷质，温润如玉，手感舒适，恰似“九秋风露越窑开，夺得千峰翠色来”。工匠们以精湛的技艺，绘制出精美的图案，每一笔都蕴含着对艺术的执着追求。从选材到制作，历经多道工序，严格把控每一个细节，只为给你带来最优质的茶具。

独特设计，与众不同：与普通茶具相比，我们的养生茶具独具特色。它采用特殊的材质，能够有效保温，让你的茶水温热持久，宛如“融雪煎香茗，调酥煮乳糜”。同时，茶具的设计考虑到了人体工程学，握感舒适，使用方便。独特的过滤系统，能够有效过滤茶渣，让你品尝到最纯净的茶汤。我们的茶具还具有养生功效，能够释放出对人体有益的微量元素，让你在品茶的同时，也能享受健康，可谓“茶养身心意自悠，器呈雅韵韵长留”。

品味生活，从养生茶具开始：无论是独自品茶，还是与亲朋好友分享，我们的养生茶具都能为你增添一份优雅与品味。它不仅仅是一套茶具，更是一种生活态度，一种对品质生活的追求。选择我们的养生茶具，让你的生活更加美好。

快来拥有属于你的养生茶具，一起感受茶韵之美，享受健康生活吧！

4.2.6　撰写标题

标题生成功能可以根据用户给定的文本，自动从文本中提取关键信息，生成简洁、醒目、具有吸引力的标题。

用户：请作为一名媒体编辑，为“十一”国庆开启全民旅游的新闻报道拟一个标题。

豆包：国庆风暖，游韵悠长：全民共赴山水之约。

豆包还能根据一段文本的表达和特点生成标题，以下是具体案例。

用户：请根据这段文本想一个标题：大雨冲刷着满是灰尘的地面，一位少年撑着伞站在雨中眺望着对面的岛屿，等待着另一端的岛上发出的光芒。他的眼神透露着忧伤，这个月是他第三次来到这里，心中期盼着的那个人仍旧没有到来。正当他准备转身离开时，岛上的光芒神奇地照在了他的脸上。大雨很快停了下来，云层也被光芒打散。光照在了那座岛屿上，海面上的水自动分开出一条路来，少年收起伞，面露笑容地走上了那条路，他幻想着充满奇幻的旅途。世界不迎我，我便向世界走来，从此以后，在岛上无忧无虑地活着。

豆包：

《少年逐光奇岛梦》：“逐光”体现少年的行动和追求，“奇岛梦”引发对奇幻之旅的想象。

《少年向岛追光芒》：直接表明少年的行动方向和目标，“追光芒”给人以希望和向往之感。

《光引少年赴奇岛》：突出光的引导作用，让读者好奇光为何能引少年去奇岛。

4.2.7　公文写作

公文是公务文书的简称，泛指机关单位处理公务的所有文书，包括《党政机关公文处理工作条例》中规定的15种规范性公文（法定公文）和日常事务性公文。15种公文分别是：决议、决定、命令（令）、公报、公告、通告、意见、通知、通报、报告、请示、批复、议案、函、纪要。豆包能够根据用户提供的15种公文要求，生成符合规范、格式准确的公文，为用户提供规范、格式和语言上的参考。

用户：请帮忙撰写一份关于建设经济区的相关会议的通知公文。

豆包：

以下是一份关于建设经济区相关会议的通知公文初稿。

《关于召开建设经济区相关会议的通知》

各有关单位：

为了推动经济区建设工作的顺利开展，经研究决定，将于[会议召开时间]在[会议召开地点]召开建设经济区相关会议。现将有关事项通知如下：

一、会议主要内容

探讨经济区建设的规划、发展方向及相关政策措施。

二、参会人员

1. 相关部门负责人。

2. 经济领域专家学者。

三、会议要求

1. 请参会人员提前熟悉经济区建设的相关资料。

2. 请参会人员准时参会，如有特殊情况不能参加，需提前向[联系人]请假并说明原因。

特此通知。

[发文部门名称]

[通知日期]

4.2.8 话术表达

话术表达功能旨在帮助用户生成符合规范和惯用语的表达方式，该功能可以帮助许多职场用户更好地掌握交流的技巧和规范，提高素养和沟通能力。豆包可以根据不同的场景生成寒暄问候语、开场白、结束语、感谢语、邀约、销售等常见的职场话术，还可以针对不同的行业和职业领域生成相应的话术模板，方便用户在工作中快速调用。

电销/面销话术

电销/面销话术是指在电话销售或者面对面销售过程中，销售人员用来引导顾客购买产品或服务的话术。这些话术可以帮助销售人员更好地与顾客沟通，了解顾客的需求或疑虑，从而更好地推销产品或服务。

用户：请为广西北海海景房销售人员撰写销售话术，要求突出价格实惠、物业服务好、风景优美、适合长期居住的特点，同时需要列出在电话销售中可能被客户问到的问题并给出相应的回答话术。

豆包：

您好！我是广西北海[楼盘名称]的房产销售[你的名字]。今天给您推荐我们性价比超高的海景房。这里价格实惠，在同类型中性价比最高，还有优惠活动和多种付款方式。

物业服务一流，24小时贴心服务，安保、保洁、设施维护到位，还有代订机票酒店、组织活动等特色服务。海景房位于北海最美海岸线，推窗可见碧海蓝天、金色沙滩，周边有银滩、涠洲岛、老街等景点，空气清新，环境宜人。北海气候宜人、四季如春，适合长期居住，且楼盘周边配套设施完善，有学校、医院、商场、超市，交通便利。您有没有兴趣了解一下呢?

问："房子的具体位置在哪里?"

答："我们的楼盘位于广西北海[具体位置]，在北海最美的海岸线上，交通便利，周边配套设施完善。您可以随时来实地考察，感受一下这里的美景和便利。"

问："房子的面积和户型有哪些?"

答："我们的海景房有多种面积和户型可供选择，从一室一厅到三室两厅都有，可以满足不同客户的需求。具体的户型和面积您可以在我们的官方网站或者售楼处了解到，我也可以给您发送一些户型图和资料，让您先有初步的了解。"

问："房价会不会再降?"

答："目前我们的房价已经非常实惠了，而且随着市场的变化和楼盘的销售情况，房价可能会有波动。但是我们可以向您保证，我们会为您提供最合理的价格和最优质的服务。如果您现在购买，还可以享受各种优惠活动和折扣，非常划算。"

问："物业服务包括哪些内容?"

答："我们的物业服务包括小区的安保、保洁、绿化、设施维护等常规服务，还包括代订机票、酒店，组织社区活动等特色服务。我们的物业服务团队非常专业和贴心，会为您提供全方位的服务，让您住得安心、舒心。"

问："周边环境怎么样?"

答："我们的楼盘周边环境非常优美，有碧海蓝天、金色沙滩，还有很多自然景观和旅游景点。同时，周边配套设施也很完善，有学校、医院、商场、超市等，满足您日常生活的各种需求。这里是一个非常适合居住和生活的地方。"

问："交通方便吗?"

答："我们的楼盘交通非常便利，附近有多条公交线路和地铁站，可以直达城市的各个角落。我们的楼盘距离机场和高铁站也不远，出行非常方便。如果您有车的话，更可以随时享受自驾游的乐趣。"

问："房子的质量怎么样?"

答："我们的楼盘是由知名开发商开发的，质量有保障。我们采用了高品质的建筑材料和先进的施工技术，确保房子的质量和安全性。同时，我们还为房子提供了完善的售后服务，让您无后顾之忧。"

问："可以贷款吗?"

答："可以的，我们可以为您提供多种贷款方式，让您轻松购房。您可以根据自己的实际情况选择合适的贷款方式，我们会为您提供专业的贷款咨询和服务。"

4.3 求职招聘：开启精准就业路径

当今社会竞争激烈，求职者和企业都面临着巨大的挑战。豆包作为一个先进的自然语言处理模型，具有卓越的语言理解和生成能力，可以为求职者和企业提供有力支持。对求职者来说，豆包可以根据岗位要求协助求职者撰写简历、提供自我介绍模板和面试技巧，从而提高个人竞争力和面试成功率，让用户拿到满意的Offer；对企业来说，豆包可以辅助制订招聘计划、策划和设置面试问题，并通过分析候选人的简历和面试表现，实现智能人才推荐。

4.3.1 生成招聘信息

豆包通过自然语言处理技术，能够理解和分析企业的招聘信息，包括所需要的职位、职位描述、工作地点、薪资等。根据这些信息，豆包可以自动生成招聘公告，从而提高招聘信息的发布效率，节省了企业的时间和精力。

用户：请根据我给出的企业所在行业、岗位类型、岗位目标等信息，为企业撰写招聘公告。以下是给出的信息：企业所在行业是跨境电商，岗位类型是资深跨境电商日语运营，岗位目标是负责拓展公司日本市场。请注意招聘公告要包含岗位职责、岗位要求。

豆包：跨境电商企业日语运营岗位招聘公告

一、公司简介

我们是一家充满活力与创新的跨境电商企业，专注于开拓全球市场，以优质的产品和卓越的服务赢得了客户的广泛赞誉。如今，我们正积极拓展日本市场，诚邀优秀人才加入我们的团队。

二、岗位信息

1. 岗位名称：资深跨境电商日语运营。

2. 工作地点：[具体工作地点]。

三、岗位职责

1. 全面负责日本市场的运营管理工作，制定并执行市场拓展策略，提升公司在日本市场的品牌知名度和市场份额。

2. 深入了解日本消费者的需求和市场趋势，进行产品选品和优化，提高产品在日本市场的竞争力。

3. 管理日本电商平台店铺，包括商品上架、价格调整、促销活动策划等，确保店铺的良好运营。

4. 负责与日本客户的沟通和服务，及时处理客户咨询和投诉，提高客户满意度。

5. 分析销售数据和市场反馈，制定具有针对性的销售策略和营销方案，提高销售业绩。

四、岗位要求

1. 本科及以上学历，日语专业，日语N1水平及以上，具备流利的日语听说读写能力。

2. 有三年以上跨境电商运营经验，熟悉日本电商市场和消费习惯。

3. 具备良好的市场分析和营销策划能力，能够独立制定市场拓展方案。

4. 有较强的沟通协调能力和团队合作精神，能够与不同的部门协作完成工作任务。

5. 工作认真负责，有较强的责任心和抗压能力，能够适应快节奏的工作环境。

五、福利待遇

1. 具有竞争力的薪资待遇和绩效奖金。

2. 完善的培训体系和晋升机制，为员工的职业发展提供广阔的空间。

3. 丰富多彩的员工活动和良好的工作氛围。

4. 五险一金等法定福利齐全。

如果您对这个岗位感兴趣，请将您的简历发送至[指定邮箱地址]，我们期待您的加入！

4.3.2　生成自我介绍

豆包可以根据用户输入的信息，使用自然语言技术生成符合规范的自我介绍。首先，豆包会对用户的信息进行分析，包括对用户的教育背景、职业经历、技术特长等进行分析。之后，依据分析得出的结果，采用标准的文本格式及规范的语言，自动生成一份结构清晰、表达精确的自我介绍，从而为用户呈现出高质量的自我介绍文本。

用户：请为我设计一段1分钟左右的针对动画编辑岗位面试的自我介绍。要求语言连贯通顺，突出个人亮点，体现专业性，让人眼前一亮。你需要结合以下信息来生成这段自我介绍。

教育背景：中央美术学院视觉传达设计专业本科毕业。

工作经历：曾有一段协助某电视台的歌唱节目舞美设计的实习经历；担任某位歌手演唱会的舞台设计。

个人亮点：Photoshop、Illustrator、InDesign、Premiere、C4D等知名软件熟练掌握，手绘熟练、平板绘画操作熟练；看过上百部动画和漫画，对于分镜有较深入的研究。

豆包：尊敬的面试官，您好！我叫[你的名字]，毕业于中央美术学院视觉传达设计专业。

在学习过程中，我不仅扎实地掌握了专业理论知识，还通过大量实践提升了自己的设计能力。我熟练掌握Photoshop、Illustrator、InDesign、Premiere、C4D等知名软件，无论是平面设计还是动态视频制作，都能游刃有余。同时，我的手绘能力出色，平板绘画操作也十分熟练，我看过上百部动画和漫画，对于分镜有较深入的研究，可以为动画编辑工作带来更多创意和可能性。

我曾有过在某电视台歌唱节目协助舞美设计的实习经历，担任某位歌手演唱会的舞台设计，这两段经历让我对舞台视觉效果有了更深刻的理解，也锻炼了我在团队协作和应对高压力工作环境的能力。

我对动画编辑充满热情，相信以我的专业素养和实践经验，一定能为贵公司的动画编辑岗位贡献自己的力量。谢谢！

4.3.3 模拟面试官

模拟面试官功能是豆包提供的一项非常实用的功能，它可以帮助求职者更好地了解和准备面试，以便在企业面试中从容不迫地回答面试官提出的问题。用户可以输入自己应聘的岗位、公司等信息，然后豆包会模仿面试官对用户进行提问。用户根据自己的实际情况进行回答，并可以反复练习提高自己的面试能力。

用户：你现在是一位面试官，我要应聘的岗位是半导体材料器件研发工程师，请你根据岗位需求和实际情况向我提出问题，并说出这个岗位的招聘要求和岗位需求。

豆包：现在我来向你提问：

1. 请简要介绍一下你在半导体材料或器件方面的研究经历。
2. 你对目前半导体行业的发展趋势有什么看法？
3. 在你以往的项目中，遇到的最大技术难题是什么？你是如何解决的？
4. 请介绍一种你熟悉的半导体材料制备方法，并说明其优缺点。
5. 你在使用半导体材料和器件表征技术方面有哪些经验？
6. 如果在研发过程中，你和团队成员出现意见分歧，你会如何处理？

作为半导体材料器件研发工程师，你需要满足以下要求。

招聘要求：

1. 硕士及以上学历，材料科学、物理学、电子工程等相关专业。
2. 具备扎实的半导体物理、半导体器件物理等专业知识。
3. 有较强的实验设计和数据分析能力。
4. 熟练掌握半导体材料和器件的表征技术，如X射线衍射、扫描电子显微镜、电学性能测试等。
5. 具备良好的英语读写能力，能够阅读和理解专业文献。
6. 有团队合作精神和良好的沟通能力。

岗位需求：

1. 负责半导体材料和器件的研发工作，包括材料制备、器件设计、工艺优化等。

2. 与团队成员合作，解决研发过程中遇到的技术问题。

3. 跟踪国内外半导体材料和器件的最新技术动态，为公司的研发方向提供建议。

4. 撰写技术报告和专利申请。

4.3.4　撰写求职信

撰写求职信功能是一项帮助用户根据个人经历、技能和兴趣，撰写有针对性的求职信的功能，目的是让招聘方注意并考虑用户的求职申请，让用户展示自己的优势和能力，以及表达对目标职业的热情。

用户：请为一名即将毕业的法学专业大学生撰写一封求职信，内容包含教育背景、擅长技能、求职岗位、自我评价。

豆包：求职信

尊敬的领导：

您好！

我是一名即将毕业的法学专业大学生，怀着对法律事业的热爱和对未来职业发展的憧憬，我诚挚地向您推荐自己。

一、教育背景

我毕业于[大学名称]法学专业。在大学四年的学习生涯中，我系统地学习了宪法、民法、刑法、行政法、经济法、国际法等核心课程，具备扎实的法学理论知识。通过课堂讨论、案例分析和模拟法庭等教学活动，我培养了自己的法律思维和分析问题、解决问题的能力。同时，我积极参加学校组织的学术讲座和实践活动，拓宽了自己的视野和知识面。

二、擅长的技能

1. 具备扎实的法律专业知识，能够熟练运用法律条文和法学理论分析和解决实际问题。

2. 拥有良好的法律文书写作能力，能够撰写起诉状、答辩状、代理词等法律文书。

3. 熟练掌握办公软件，如Word、Excel、PowerPoint等，能够高效地处理法律文件和数据。

4. 具备一定的英语听说读写能力，能够阅读和理解英文法律文献和资料。

三、求职岗位

我希望能够应聘贵公司的法务专员岗位。我认为这个岗位能够让我充分发挥自己的专业优势，为公司的发展贡献自己的力量。同时，我也希望通过这个岗位，不断提升自己的专业水平和综合素质，实现自己的人生价值。

四、自我评价

1. 热爱法律事业，具有强烈的正义感和责任感。我始终坚信法律是维护社会公平、正义的最后一道防线，因此我愿意为了法律事业而不懈努力。

2. 学习能力强，勤奋刻苦。在大学期间，我始终保持着良好的学习习惯，不断学习和掌握新的法律知识和技能。我相信只有不断学习和进步，才能适应社会的发展和变化。

3. 具备良好的沟通能力和团队合作精神。在学习和实践中，我积极与同学和老师交流和合作，共同完成了各项任务。我相信在工作中，我也能够与同事和领导保持良好的沟通和合作，共同为公司的发展努力。

4. 工作认真负责，注重细节。在处理法律事务时，我始终保持着高度的认真和负责的态度，注重细节，确保每一个环节都做到尽善尽美。

最后，感谢您抽出时间阅读我的求职信。我期待着能够有机会加入贵公司，为公司的发展贡献自己的力量。

此致

敬礼！

求职人：[你的名字]

[具体日期]

4.3.5 根据招聘信息优化简历

根据招聘信息优化简历是指根据用户的目标职位和需求，对个人简历进行有针对性的修改优化。这项功能旨在使用户的简历更加符合目标职位的要求，突出与目标职位相关的经历和能力，从而提高被选中的概率。

用户： 请结合岗位信息对我的简历提出修改建议，要求突出简历中与岗位要求相关的亮点内容。

下面是你需要结合的岗位信息：

（1）具有本科及以上学历，广告、文学、影视设计专业相关专业毕业。

（2）有两年以上影视公司相关职位的工作经历，有成功的项目创意文案案例，或者担任过出版社的图书策划。

（3）文笔流畅、思维逻辑与归纳整理能力出众。

（4）创意设计基础过硬，具有一定的审美能力和艺术水准。

你需要修改的简历信息如下：

（1）（教育背景）学校：某师范大学。

（2）专业：出版专业。

（3）受教育程度：本科。

（4）亮眼经历：多次获得国家励志奖学金；参加国家级别的作文比赛并荣获三等奖；多次投稿文学杂志并中稿，散文3篇、诗歌1篇、中篇小说1篇；通过日语四、六级，英语四、六级，具有良好的外语读写能力。

（5）公司经历：某出版社校对岗位。

（6）实习期：6个月。

（7）工作内容：校对各类稿件（社科类、教育类、软件工具类）。

豆包：以下是进一步突出与影视创意相关经历和技能的方法。

一、教育背景

（1）学校：某师范大学专业：出版专业。（本科的出版学习经历让我对文字的雕琢和内容的策划有了深入理解，这为影视创意文案的创作奠定了坚实的基础。在专业学习中，接触到不同类型的文学作品和出版案例，培养了对故事结构和叙事风格的敏锐洞察力，可迁移运用到影视创意中。）

（2）受教育程度：本科。

二、亮眼经历

（1）多次获得国家励志奖学金，这不仅体现了我的学习能力，也暗示了我在面对复杂的影视创意任务时，有足够的毅力和专注力去深入研究和打磨创意方案。

（2）参加国家级作文比赛并荣获三等奖，证明我具备出色的文字表达能力，能够为影视创意提供生动、富有感染力的文案。例如，在比赛中我运用了独特的叙事手法和情感表达，这些技巧同样适用于影视剧本的创作。

（3）多次投稿文学杂志并中稿，包括散文3篇、诗歌1篇及中篇小说1篇。这些作品展示了我的创造力和想象力，而这正是影视创意所需要的核心能力。（可以具体描述其中一篇作品的创意构思过程，以及如何通过文字营造出独特的视觉和情感氛围，让招聘者能够直观地感受到我的创意能力与影视创意的相关性。）

（4）通过日语四、六级，英语四、六级，具有良好的外语读写能力。在全球化的影视市场中，能够阅读和理解国外的影视资讯、剧本和创意案例，为国内的影视创意带来新的灵感和视角。（可以提及自己曾经阅读过的一些国外优秀影视作品，并分析其创意亮点和可借鉴之处。）

三、工作经历

（1）公司：某出版社。

（2）岗位：校对岗位（实习6个月）。

（3）工作内容：在校对各类稿件（社科类、教育类、软件工具类）的过程中，我不仅培养了严谨的思维逻辑与归纳整理能力，还接触到了丰富多样的知识和故事题材。这使我在影视创意中能够更好地整合不同的元素，构建出富有层次和深度的剧情。例如，社科类稿件让我了解到不同的社会现象和人类行为，为影视创意提供了现实题材的灵感；教育类稿件则启发我思考如何通过影视作品传达知识和价值观。同时，校对工作也让我对文字的准确性和表现力有了更高的要求，这在影视剧本的撰写中至关重要，能够确保台词的精准和生动，提升作品的质量。

四、自我评价

我对影视创意充满热情，拥有扎实的文字功底和丰富的文学创作经验。在出版专业的学习和出版社的实习中，我培养了严谨的思维逻辑、出色的归纳整理能力和对文字的敏锐感知力。这些能力将为影视创意文案的创作和项目的策划提供有力支持。我善于从不同的文学作品和生活经历中汲取灵感，能够快速理解和把握影视项目的需求，提出富有创意和可行性的方案。同时，良好的外语读写能力也使我能够紧跟国际影视潮流，为国内影视创意带来新的视角和元素。我期待能在影视创意领域发挥自己的优势，为打造优秀的影视作品贡献力量。

4.4 商业投资分析：洞察市场趋势的利器

商业投资分析是指对商业投资项目进行全方位的分析和评估，以确定投资的可行性、风险和回报。这种分析需要对市场、技术、财务等多个方面进行深入研究，并洞察考虑综合因素。借助豆包对商业投资进行分析，用户不仅可以全面了解相关情况，还能洞察市场趋势，为投资决策提供坚实可靠的依据，助力投资者在复杂多变的商业投资领域做出更为明智、精准的选择。

4.4.1 投资分析

投资分析是豆包为投资者提供的一项功能，用于对特定投资项目或者目标公司进行深入的分析和评估。这项功能可以帮助投资者了解投资项目的潜在风险和回报，以及目标公司在行业中的竞争地位和未来的发展潜力。

具体来说，投资分析包括以下几个方面。

（1）项目分析：对投资者感兴趣的项目进行全面的分析和研究，包括项目背景、市场前景、技术可行性、管理团队及风险评估等方面。

（2）目标公司分析：对目标公司进行全面的分析和研究，包括目标公司的历史沿革、业务范围、市场份额、产品服务、竞争地位、发展战略及财务等方面的状况。

（3）行业分析：对项目或目标公司所处的行业进行全面的分析和研究，包括行业的发展趋势、市场规模、增长率、主要竞争对手及未来的发展方向等方面。

（4）风险评估：对项目或目标公司的潜在风险进行全面评估和分析，包括市场风险、技术风险、财务风险、风险管理等方面。

（5）投资建议和策略分析：根据投资者的投资目标和风险偏好，为其提供定制化的投资建议和策略，以帮助投资者制定更加科学合理的投资目标。

用户：现在你是一位资深投资人，请对某服装公司进行分析并生成投资分析报告，要求包含财务状况分析、行业状况分析、公司估值分析。其中的财务状况分析部分，你需要从资产质量、成长性、收益性等方面切入。此外，你还需要结合权威机构发布的数据，并确保内容翔实、有层次。

豆包：

[服装公司名称]投资分析报告

一、财务状况分析

1. 资产质量

流动资产中的货币资金、应收账款、存货占比合理，需关注存货周转率。非流动资产中的固定资产与无形资产占比适当，无形资产对确保公司的竞争力是很重要的。

资产减值损失计提反映审慎评估，但需关注减值准备的充分性。

2. 成长性

近3年营业收入年复合增长率为[X]%，高于行业平均，利润同步增长，成本费用率下降。总资产因投资和并购而扩张。

3. 收益性

毛利率、净利率、ROE等指标良好，盈利持续性和稳定性有保障。

二、行业状况分析

1. 规模与趋势

全球服装行业规模增长，细分市场有不同增速，受消费升级等的推动。

2. 竞争格局

市场集中度低，公司有一定的市场份额但竞争激烈。品牌、设计创新、供应链等是竞争的关键因素，行业向高端化等方向发展。

三、公司估值分析

1. 绝对估值法（DCF）

计算得出企业价值和股权价值，WACC和永续增长率对结果影响大。

2. 相对估值法（PE、PB）

与同行业可比公司相比，得出合理价格区间。

四、投资建议

1. 优势与机会

财务状况良好，行业有发展空间，公司优势明显，拓展线上渠道有利。

2. 风险与挑战

竞争激烈，对成本因素、需求变化、国际贸易形势有影响。

3. 建议

长期投资可考虑，短期关注事件操作，注意风险控制。

五、风险提示

包括宏观经济波动、市场竞争加剧、原材料价格波动、政策、技术创新等风险。

[报告日期]
[报告撰写人/团队名称]

4.4.2 SWOT分析

SWOT分析是一种用于评估企业、项目或产品等的战略工具。

SWOT是4个英文单词的首字母，分别如下。

Strengths（优势）：指内部的有利因素，包括独特的资源、技能、经验、专利、品牌形象、成本优势、高效的流程等。

Weaknesses（劣势）：指内部的不利因素，例如技术落后、资金短缺、管理不善、员工素质不高、产品质量问题、高成本结构等。

Opportunities（机会）：指外部环境中的有利条件和趋势，比如新兴市场、新的技术发展、政策变化带来的机遇、竞争对手的失误等。

Threats（威胁）：指外部环境中的不利因素和挑战，如竞争加剧、市场需求变化、经济衰退、法规限制、替代品出现等。

通过对这4个方面进行综合分析，可以帮助决策者全面了解所研究对象的状况，从而制定出更有效的战略和决策，以利用优势和机会，克服劣势和应对威胁。

用户：请对黑胶唱片进行SWOT分析，要求结合数据且内容全面。

豆包：

以下是黑胶唱片的SWOT分析。

1. 优势（Strengths）

独特的音质体验：黑胶唱片是模拟信号记录音乐，其声音温暖、饱满，具有独特的韵味和氛围感，能更好地还原乐器的音色和演奏的现场感，这是数字音乐无法完全复制的。对追求高品质音乐体验和复古情怀的听众来说，具有很强的吸引力。

艺术收藏价值高：黑胶唱片的封面设计精美，尺寸较大，具有较高的艺术欣赏价值。许多经典专辑的黑胶版本封面成了音乐文化的标志性符号。除此之外，黑胶唱片的生产数量相对较少，一些限量版、签名版等特殊版本更是具有很高的收藏价值。根据市场过往情况，一些稀有的黑胶唱片在二手市场上的价格不断攀升。

市场需求增长：近年来，黑胶唱片市场呈现出增长的趋势。随着复古文化的兴起和人们对实体音乐产品的重新关注，越来越多的消费者，尤其是年轻一代，开始购买黑胶唱片。数据显示，全球黑胶唱片市场规模在不断扩大，如2020年全球黑胶唱片市场规模达到了14亿元，并且预计到2026年将达到36亿元，年复合增长率为15.0%。

仪式感强：播放黑胶唱片需要一定的操作步骤和仪式感，包括取出唱片、放置唱针、调整唱臂等，这种过程让听众更加专注于音乐，增强了音乐欣赏的体验，也满足了一部分人对生活品质和文化体验的追求。

2. 劣势（Weaknesses）

音质易受影响：黑胶唱片容易受到灰尘、划痕、静电等因素的影响，导致音质下降。并且在播放过程中黑胶唱片机的唱针会与唱片表面接触摩擦，长时间使用会对唱片造成磨损，影响其使用寿命和音质表现。

设备成本高：高质量的黑胶唱片机价格昂贵，而且需要定期维护和调试，这对普通消费者来说是一笔不小的开支。例如，一些专业的黑胶唱片机价格可能在数千元甚至更高，再加上唱针等配件的更换成本，使得使用黑胶唱片的门槛较高。

使用不便：黑胶唱片的播放时间较短，一般一张12寸的黑胶唱片单面播放时间为20～30分钟，而相比之下，CD、数字音乐等的播放时间更长或不受限制。除此之外，黑胶唱片只能按照顺序播放，不能像数字音乐那样随意选择曲目或进行快进、快退等操作。

存储空间大：黑胶唱片体积较大，需要较大的存储空间来存放，居住空间有限的消费者来说是一个挑战。

3. 机会（Opportunities）

与音乐产业结合：音乐产业的发展为黑胶唱片带来了新的机会。许多音乐家和乐队开始重新发行他们的经典专辑或推出新作品的黑胶版本，以满足粉丝的需求。同时，黑胶唱片也可以与音乐演出、音乐节等活动相结合，进行推广和销售。

技术改进：随着科技的不断进步，黑胶唱片的生产技术也在不断改进。例如，一些新型的黑胶唱片采用了更先进的材料和制造工艺，提高了音质和耐用性；同时，一些黑胶唱片机也加入了数字功能，如蓝牙连接、USB接口等，增强了其使用的便利性和兼容性。

线上销售渠道拓展：互联网的发展为黑胶唱片的销售提供了新的渠道。消费者可以通过在线音乐平台、电商平台等购买黑胶唱片，这不仅扩大了黑胶唱片的销售范围，也提高了销售效率。

文化产业推动：黑胶唱片作为一种文化符号和艺术载体，与文化产业的其他领域，如电影、艺术展览等相结合，可以创造出更多的商业价值和文化影响力。例如，一些电影的原声带会发行黑胶版本，与电影的宣传和推广相结合。

4. 威胁（Threats）

数字音乐的竞争：数字音乐的发展势头迅猛，流媒体音乐平台如Spotify、Apple Music等已经成为人们听音乐的主要方式。数字音乐具有便捷性、多样性和低成本等优势，对黑胶唱片的市场份额造成了巨大的冲击。

盗版问题：黑胶唱片的盗版现象也比较严重，一些不法商家通过非法复制和销售黑胶唱片，侵犯了音乐版权，损害了正版唱片公司和艺术家的利益。这不仅影响了黑胶唱片市场的正常秩序，也降低了消费者对黑胶唱片的信任度。

经济环境不稳定：经济环境的不稳定可能会影响消费者的购买能力和购买意愿。在经济不景气的时期，消费者可能会优先选择价格较低的数字音乐或其他娱乐方式，而减少对黑胶唱片的购买。

4.4.3 商业洞察和市场分析

商业洞察和市场分析功能旨在帮助用户发现潜在的机会、了解市场动态消息，进而制定精准商业策略，实现资源优化配置与高效利用。它们助力用户捕捉契机、提前布局、抢占先机，通过剖析市场趋势、消费者的行为及竞争对手的动向，让用户基于准确的信息做明智的决策，无论是推新产品、拓新市场，还是调业务模式，都更有针对性和前瞻性。同时，有助于降低风险，避免盲目决策，提升竞争力与可持续发展能力，在市场竞争中立于不败之地，实现商业增长与价值创造。

用户：我准备投资音乐市场，请帮我分析一下音乐商业和市场的状况，以及音乐投资有哪些风险，并提出相应的稳妥的音乐投资方案。

豆包：

当前音乐商业和市场状况具有以下特点。

1. 流媒体主导：像Spotify、腾讯音乐等流媒体平台成为音乐传播和消费的主要渠道，用户付费订阅模式逐渐成熟。

2. 现场音乐复苏：随着疫情的缓解，演唱会、音乐节等现场音乐活动重新活跃，可以带来可观的收入。

3. 音乐版权价值提升：优质音乐版权的价值不断增长，成为重要的资产。

音乐投资的风险主要包括以下几个方面。

1. 市场竞争激烈：新作品和新人层出不穷，要脱颖而出并非易事。

2. 版权纠纷：版权问题复杂，可能涉及法律纠纷和经济损失。

3. 艺人形象风险：艺人的负面新闻可能影响其作品的推广和收益。

相对稳妥的音乐投资如下。

1. 成熟艺人的版权收购：他们的经典作品通常具有稳定的市场需求和价值。

2. 投资音乐制作公司：可以参与多个项目，分散风险。

3. 参与音乐主题的基金或投资组合：由专业团队管理，降低个人决策风险。

您在投资前，一定要充分了解市场和相关法律法规，做好风险评估和资金规划。您对投资的预期收益和投资期限有什么具体想法吗？

4.4.4 竞品调研报告

竞品调查报告是对竞争对手的产品进行深入分析和研究后形成的文档，它为企业制定产品策略、市场营销策略等提供依据。用户可以使用豆包对想深究的行业领域进行调查，了解竞争态势，助力用户快速了解产品行情。

以下是调查竞争报告的目的。

（1）了解竞争态势：明确企业在市场中的位置，分析竞争对手的数量、市场份额的分布情况，判断市场竞争的激烈程度。例如，在智能手机市场，通过竞品报告了解各个品牌的占有率变化趋势。

（2）分析竞品优劣势：帮助企业发现竞争对手产品的优势，以便学习、借鉴；同时找出其劣势，从而在自身产品中加以改进或在营销中突出对比优势。如分析某运动手环竞品的续航能力强但佩戴舒适性差这一情况。

（3）洞察市场机会：基于对竞品的分析，寻找市场尚未满足的需求或被竞争对手忽视的细分领域。例如，在竞争激烈的洗发水市场中，发现针对特定发质（如沙发发质）护理产品的空白。

用户：帮我调查一下音乐CD领域，并生成一份竞品调研报告。

豆包：以下是关于音乐CD领域的竞品调研报告。

一、竞争对手

1. 索尼音乐CD

市场定位：面向广泛的音乐爱好者，涵盖流行、摇滚、古典等多种音乐类型，以高品质音质和知名艺人的作品为特色。

产品特点：制作精良，音质出色，包装设计精美。

价格策略：中高端定价，根据不同的专辑和艺人知名度而有一定的差异。

评价：消费者普遍认为索尼音乐CD的音质还原度高，收藏价值较大。

优点：品牌知名度高，与众多知名艺人合作，音乐资源丰富。

缺点：价格相对较高。

竞争优势：强大的品牌影响力和技术实力，保证了音质和制作质量。

2. 环球音乐CD

市场定位：针对不同年龄段和音乐喜好的消费者，提供多样化的音乐选择。

产品特点：注重音乐的多样性，涵盖各种风格和流派。

价格策略：价格区间较广，既有平价产品，又有高端限量版。

评价：消费者称赞其音乐选曲的广泛性和创新性。

优点：拥有丰富的音乐版权，能够推出各种经典和热门专辑。

缺点：部分产品的包装和制作质量有待提高。

竞争优势：丰富的音乐库和灵活的市场策略。

3. 华纳音乐CD

市场定位：以流行音乐为主，吸引年轻消费者和主流音乐听众。

产品特点：常常与当下热门歌手合作，推出紧跟潮流的专辑。

价格策略：以中低端价格为主，注重性价比。

评价：被认为是时尚、流行的代表，适合追求潮流的消费者。

优点：善于捕捉市场热点，推出的专辑具有较高的话题性。

缺点：在古典音乐等领域的产品相对较少。

竞争优势：对流行趋势的敏锐把握和市场推广能力。

二、市场趋势

随着数字音乐的兴起，音乐CD的市场份额逐渐减少，但仍有一部分消费者对实体音乐CD的音质、收藏价值和实体感受有需求。同时，限量版、特别版的音乐CD对粉丝和收藏者仍具有较大的吸引力。

三、消费者需求

1. 音质追求：希望获得高保真的音乐体验。

2. 艺人粉丝：为支持喜爱的艺人而购买相关CD。

3. 收藏爱好：将精美、限量的音乐CD作为收藏品。

四、发展建议

1. 提升产品附加值，如增加艺人签名、独家照片、限量编号等。

2. 结合数字音乐平台，提供线上线下的整合体验。

3. 加强与音乐人的合作，推出更多独家、高质量的音乐作品。

第 5 章

创意与娱乐：引领未来创意潮流

娱乐是人们生活中不可或缺的一部分，人们习惯了在网络上娱乐的方式，而在这个信息爆炸的时代，一款全新的娱乐伙伴——豆包，正以其独特的魅力引领未来的创意潮流。

5.1 AI绘画：勾勒想象的世界

随着科技的发展进步，AI不仅在工作和写作上表现出了极大的优势，在绘画上也呈现出成熟的趋势。AI绘画是AI应用的重要场景之一，用户只需向AI绘画平台输入指令，它便可以自动创作画作，而生成AI绘画作品的指令可以让豆包提供。下面就带大家探秘AI绘画的奥秘，揭示它是如何用文字勾勒出想象的世界的。

5.1.1 AI绘画的基本概念

AI绘画是利用人工智能算法和技术实现图像生成或辅助绘画创作的过程。它将计算机科学与艺术创作相结合，使机器能够模拟人类的绘画行为和风格。

主要功能类型如下。

（1）图像生成：根据特定的输入条件生成全新的图像。输入可以是简单的文本描述，如“一幅夕阳下的海滩风景画，有椰树和彩色的贝壳”（图5-1），AI根据这些描述生成符合要求的图像；也可以是基于某种风格或特定元素的指令，比如“生成一张赛博朋克风格的城市夜景图”（图5-2）。

图 5-1

图 5-2

（2）风格转换：将一张图像的内容转换为另一种绘画风格。例如，把一张普通的照片转换为具有梵高《星月夜》风格的画作（图5-3和图5-4），或者把写实风格的图像转换为卡通风格。这种功能可以让用户轻松体验不同风格的视觉效果。

图 5-3

图 5-4

（3）图像编辑与优化：对已有的图像进行编辑，如补全图像的缺失部分、增强图像的细节、调整图像的色彩和光影效果等，使其更符合绘画的审美要求。

5.1.2　AI绘画的技术特点

1. 基于大量数据训练

AI绘画模型通常通过海量的图像数据进行训练。这些数据涵盖了各种风格（如写实、卡通、抽象等）、主题（人物、风景、物体等）和绘画技巧。通过对这些多样化数据的学习，模型能够掌握不同类型绘画的特征和模式，从而在生成图像时可以融合多种元素，创造出新颖独特的作品。

2. 生成式能力

AI绘制模型能够根据给定的条件生成全新的图像。这些条件可以是简单的文本描述，比如“一幅在森林中举行童话婚礼的画，有独角兽和精灵”，AI绘画系统会依据此描述构建画面内容，包括场景布置、角色设计等；也可以是基于一些初始图像或草图，通过模型进一步完善和生成的完整绘画，例如将一个简单勾勒的人物轮廓补充为一幅精美的人物画像，添加服饰、表情、背景等细节。

3. 风格迁移

AI绘画模型可以将一种绘画风格迁移到另一种内容上。比如把一张普通的照片转换为梵高风格的画作，AI绘画模型通过分析梵高作品的笔触、色彩、纹理等风格特征，并将这些特征应用到输入的照片或内容上。这种技术不仅可以模仿著名画家的风格，还能对多种风格进行混合和创新，创造出独特的视觉效果。

4. 快速迭代与优化

AI绘画技术在不断发展，开发人员可以通过不断增加新的数据、改进算法来提升模型的性能。新的模型版本能够生成更高质量、更符合人类审美和逻辑的绘画。同时，通过用户的反馈和评价，模型可以有针对性地进行优化，例如减少生成图像中的瑕疵、提高特定类型题材绘画的准确性等。

5. 细节丰富与可控性

在生成图像时，可以展现出丰富的细节。从微观的纹理（如树叶的脉络、动物的皮毛）到宏观的场景布局（如城市的天际线、大规模的战斗场面），AI绘画都能较好地处理。除此之外，在一定程度上还具有可控性，用户可以通过调整参数，如色彩的饱和度、画面的清晰度、元素的位置和比例等，来影响最终生成的图像效果。

6. 多模态融合潜力

一些先进的AI绘画技术开始探索与其他模态的融合，比如结合音频信息生成与音乐氛围相匹配的绘画，或者与文本语义理解更深入地结合，不仅考虑文本描述的表面内容，还能理解其中蕴含的情感、氛围等元素，并将其体现在绘画中。

5.1.3　AI绘画的应用场景

1. 艺术创作辅助

为艺术家提供灵感和创作素材。艺术家可以利用AI绘画快速生成多种创意方案，拓展创作思路，突破传统思维的局限。

帮助艺术家探索新的艺术风格。AI可以融合不同的绘画风格生成独特的视觉效果，推动艺术风格的创新和发展。

2. 商业设计领域

在广告、包装、UI设计等领域，可以高效地生成设计草图和方案。例如，广告公司可以使用AI绘画工具快速生成广告海报的概念图，提高设计效率和质量。

3. 娱乐与个性化应用

普通用户可以通过AI绘画工具生成自己喜欢的个性化图像，如头像、壁纸等，满足娱乐需求和表达个人审美。

5.2　豆包AI绘画的应用：点亮艺术的天空

豆包的AI绘画功能是经过字节跳动公司利用大量数据和先进的技术训练出来的，它可以根据用户输入的描述文字或简单的草图，在短短数秒生成精美的画作。即使是没有绘画基础的用户，也可以通过该功能创作出自己心中的画作。同时，豆包还提供了一些模板和素材，以帮助用户更好地进行创作。下面是利用豆包的AI绘画功能生成的各种风格作品的案例，一起来见证豆包AI绘画师是如何点亮艺术的天空的吧！

5.2.1　绘制宫崎骏风格的插画

宫崎骏始终坚持手绘，每一张背景和角色都经过精心设计和细腻描绘，这种传统的动画制作方式强调了线条的艺术性和色彩的层次感，可以营造出或梦幻或清新或忧郁的不同效果。用户可以使用豆包，输入文字描述，绘制宫崎骏风格的插画。

用户： 请绘制一幅宫崎骏风格的插画：一位红色头发的少女，骑着马，站在花丛中，抬头仰望着漫天星空，要求超清，表情刻画自然。

豆包： 生成的图片如图5-5所示。

图 5-5

5.2.2 绘制国风山水画

国风山水画是具有中国风格特色的山水画，它承载了丰富的中国传统文化内涵，在艺术领域有着独特的魅力。下面将介绍国风山水画的艺术特点和表现技法，以便更好地用提示词去绘制此类风格的画作。

用户： 请绘制一幅中国风的山水画，画中有金色的山峦和黑色的岩石，天空中有一轮白色的月亮，还有古人在上面行走。它有着细致的线条、复杂的背景，以及金箔装饰。采用了高对比度的阴影和暗色调。以Cinema4D软件的风格呈现出中国的壮丽景色。具有金叶工艺和中国水墨风格，比例为2∶3。

豆包： 生成的图片如图5-6所示。

图 5-6

5.2.3 绘制水彩风景画

水彩画的历史可以追溯到古埃及，但现代意义的水彩画起源于欧洲文艺复兴时期，18世纪在英国得到极大的发展。水彩画是一种极具独特魅力的绘画形式。

用户： 请绘制一幅画：风格为水彩风格，场景是火烧云，一条河倒映着天空的场景。

豆包： 生成的图片如图5-7所示。

图 5-7

用户： 请绘制一幅画：风格为水彩风格，场景是沙滩，有海水，远处还有灯台。

豆包： 生成的图片如图5-8所示。

图 5-8

5.2.4 绘制3D风格的插画

3D风格是一种利用现代科学技术在视觉艺术领域广泛应用的风格类型，具有鲜明的特点。

用户： 请绘制一幅插画，风格为“3D渲染”，一辆老火车，穿梭在小城镇中，比例为4∶3。

豆包： 生成的图片如图5-9所示。

图 5-9

5.2.5 绘制动漫风格的插画

动漫风格是一种极具特色的视觉风格，在角色设计上通常采用人体极具美感的黄金比例绘画；在色彩上采用高饱和度、高对比度的明亮色彩，以吸引观众的目光。

用户： 图片风格为动漫风格，一个女孩坐在靠窗的长椅上，背影，天空晴朗，蓬松的白云为其增添了美丽，微风拂过房间，风，动态，对称构图。

豆包： 生成的图片如图5-10所示。

图 5-10

5.2.6 矢量插图

矢量插图是由矢量图形构成的。矢量图形使用数学公式来描述图形的形状、颜色和位置等信息。

矢量插图的特点如下。

（1）可编辑性：由于图形是基于数学公式画出来的，设计师可以根据图形需要随意修改。

（2）文件大小优势：与正常的图形相比，矢量插图的图形文件占用的存储空间较小，它是借助数学公式而形成的图形，不需要储存大量像素。

（3）适合多种形式的输出：可以输出适合不同介质和应用的场景。既可以用于印刷品，例如海报，也可以用于数字媒体、动画制作中。

用户： 请帮我绘制一张打电话的职场女性的矢量插图。

豆包： 生成的图片如图5-11所示。

图 5-11

5.2.7 印象派风景画

印象派兴起于19世纪六七十年代，是西方绘画史上一个划时代的艺术流派，1874年，莫奈、雷诺阿、毕沙罗等青年画家举办了一个艺术展览，其中莫奈的一幅名为《日出·印象》的画受到保守人士的嘲讽，批评家路易斯·勒罗伊讥评其为

“印象主义的展览会”，“印象派”由此得名。尽管最初这一称呼带有贬义，但后来逐渐被广泛接受。用户可以根据印象派的特征和艺术特点把需求传达给豆包，豆包就会根据用户提供的提示词生成一幅令人惊叹的绝美插画。

用户：请绘制一幅模仿莫奈的《日出·印象》，水面上，日出，远处有海港、船舶，以及朦胧色彩的印象派风景画。

豆包：生成的图片如图5-12所示。

图 5-12

5.2.8 绘制抽象画

抽象画是指不描绘具体物象或不反映现实世界具体形象的绘画。它突破了传统绘画对客观事物的如实描绘，强调通过色彩、线条、形状、形式等绘画元素来传达情感、思想或精神内涵。豆包可以根据用户提供的抽象画的特点及代表作家，以及结合专业名词描述的场景生成一幅精美的画作。

用户：请绘制一幅女生在窗前看书、窗前星空为梵高的星月夜、色彩参照毕加索风格、采用几何形状的抽象画。

豆包：生成的图片如图5-13所示。

图 5-13

5.2.9　绘制彩色版画

版画是通过制版与印刷手段来完成的艺术作品。艺术家运用刀、笔或其他工具，在不同材料的版面上进行刻画或蚀刻等创作，制成可供印刷的底版，然后再通过油墨等颜料的印刷，将版面上的图案转印到纸张、织物或其他材料上。

用户： 请绘制一位穿戏袍站在台上唱戏的小旦，戏台后面万里星空，色彩鲜明且富有艺术性，彩色版画，比例为4∶9。

豆包： 生成的图片如图5-14所示。

图 5-14

5.2.10 绘制羊毛毡风格的画作

羊毛毡风格是一种具有温暖氛围的独特手工艺术表现形式。

用户：过年景象，门前还堆着雪，色彩鲜明，气氛一片和睦的羊毛毡风格插画。

豆包：生成的图片如图5-15所示。

图 5-15

5.3 各类设计：铸就辉煌视觉盛宴

豆包的AI绘画功能在各种艺术插画领域已达到了炉火纯青的地步，用户通过提示词在短短数秒就能获得一幅精美的画作，大大提高了绘画速度。豆包不仅能够创作艺术插画，还能在各类设计方面提供帮助，下面带大家领略豆包的设计视觉盛宴。

5.3.1 珠宝设计

珠宝是对可用于装饰的贵重宝石和金属制品的统称。珠宝设计功能旨在帮助用户突破灵感的桎梏，在灵感枯竭的时候，不妨试试用豆包。结合珠宝相关知识，豆包可以助力设计师设计珠宝。

用户：请帮我设计一款祖母绿的钻石项链，要求款式新颖，体现奢华气质，十分有光泽感，适合参加大型场合。

豆包：生成的图片如图5-16所示。

图 5-16

用户：请帮我设计一套珠宝，包含项链、手链、戒指及耳环，紫色系，包含自然元素，体现出自然、浪漫的风格。

豆包：生成的图片如图5-17所示。

图 5-17

5.3.2 头像设计

头像是一种代表个人、企业、品牌的图形。头像设计种类繁多，有写实、卡通、扁平、复古风格等，用户在设计头像的过程中需要根据自身需求向豆包提供准确的提示，豆包根据具体提示能帮助用户生成符合其需求的头像。

1. 古风头像

用户：请帮我设计一张古风头像，图片风格为“动漫”，20世纪初的动漫风格，穿着红色华丽的服装，宋朝年轻女性，半扎发的棕色头发，手拿折扇，比例为1：1。

豆包：生成的图片如图5-18所示。

图 5-18

2. 黑白线稿头像

用户：请帮我绘制一幅黑白线稿头像，短发女子，画风为20世纪90年代日漫吉卜力风格，女子气质清冷。

豆包：生成的图片如图5-19所示。

图 5-19

3. 企业头像设计

用户：请帮我设计一款头像，我们是药品公司，需要突出药品的形象，要求简约大方、健康、绿色环保、把绿叶与药丸结合在一起。

豆包：生成的图片如图5-20所示。

图 5-20

5.3.3 游戏设计

游戏角色设计功能旨在帮助游戏职场用户提供灵感和角色设计思路。在设计过程中，角色与游戏概念设计可以同时进行，用户可以试着给豆包提供关键词，豆包能根据关键词为用户生成一张精美的游戏角色图片，以供用户参考。

用户：请帮我设计一个游戏角色，她是一位圣洁的女神，金黄色的长发，出场时闪烁着圣洁的光芒，角色性质为辅助，专武为紫水晶。

豆包：生成的图片如图5-21所示。

图 5-21

5.3.4 服装设计

服装设计是一个充满创意和挑战的领域。时至今日，人们的服装具有多元化的特点，集时尚与轻便于一身，不同的服装在不同的场合有着不一样的意义，比如去参加盛宴的话，穿得比较隆重显得对主人重视，也能让自己看起来比较得体。

用户：请帮我设计时尚风格的服装，晚宴礼服，玫瑰，黑色裙子，身后拖地长裙，前面需要蓬蓬的裙撑，清新脱俗，还需要穿起来优雅，用动漫风格呈现。

豆包：生成的图片如图5-22和图5-23所示。

图 5-22

图 5-23

5.3.5 产品包装设计

产品包装不仅能够存储食物，还能传达产品信息、吸引顾客注意力。好的产品包装不仅能促进用户购买，还能够树立品牌形象，传达品牌价值观，提升品牌价值。

1. 蛋糕盒设计

用户：请帮我设计一款蛋糕包装盒，要求有镂空设计，设计简洁大方，颜色用莫兰迪色系。

豆包：生成的图片如图5-24所示。

图 5-24

2. 茶点盒设计

用户：请帮我设计一款高级茶点盒包装：复古、简约、盒子为木质，有雕花设计，多种颜色。

豆包：生成的图片如图5-25所示。

图 5-25

3. 化妆盒设计

用户：请帮我设计一款胭脂包装盒，使用中国传统颜色，盒身采用花朵的形状，盒身为金属材质，盒身有多种颜色。

豆包：生成的图片如图5-26所示。

图 5-26

5.4　音乐之窗：营造梦幻篇章

音乐之窗旨在为用户提供与音乐、音乐创作相关的信息。具体来说，音乐之窗功能可以用来创作音乐、生成歌词，也可以用来听歌、了解歌曲背后的故事和学习专业的音乐知识。

5.4.1　快速生成音乐片段

豆包可以帮助用户快速生成音乐片段。当用户需要写歌词时，输入想要的风格、要求，豆包就会对用户输入的内容进行分析，帮助用户更好地创作出高质量的歌词。它可以通过词汇、句子结构的分析，以及基于人类对歌词审美习惯的机器学习，来为用户提供有关音乐风格、表达情感、音调节奏等方面的建议，从而帮助用户创作更加动人的歌词。

具体操作如下。

（1）单击豆包左侧的“新对话”按钮，在界面右侧选择“音乐生成”选项，如图5-27所示。

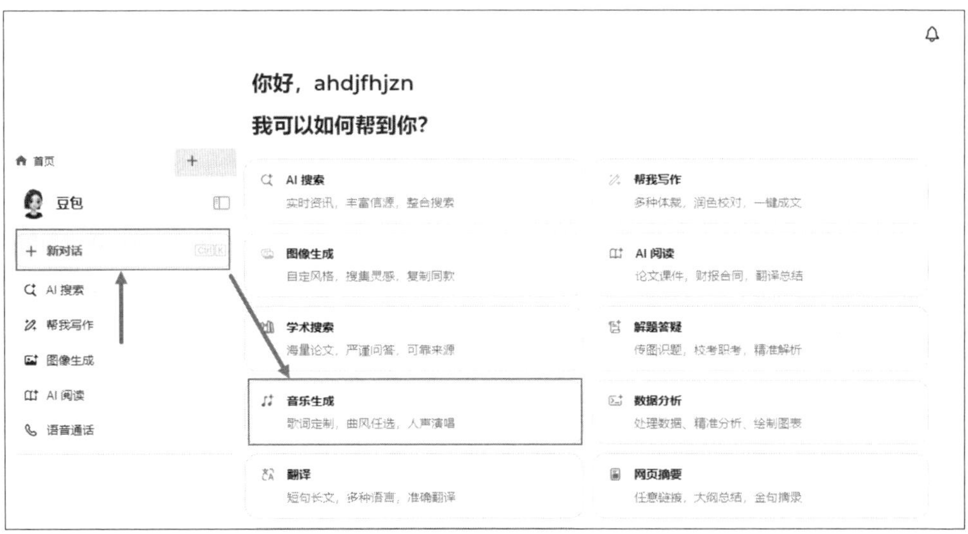

图 5-27

（2）进入音乐创作主页，由官方生成的曲目栏和提示框组成，如图5-28所示。

图 5-28

（3）之后，向豆包输入指令：“我想创作一首歌曲，用AI写歌词。这首歌是流行音乐风格，传达伤感的情绪，使用女声音色。”10秒左右，豆包就会生成一首带有歌词并由女声演唱的音乐片段，如图5-29所示。

➢在提示框中，用户可以选择“用AI帮我写歌词”或者“自定义歌词”。

➢用户也可以选择其他音乐风格，如嘻哈、雷鬼、摇滚、国风、R&B等。

➢也能够选择传达不同的情感，如快乐、怀旧、鼓舞、放松等。

➢音色可以选择男声或女声。

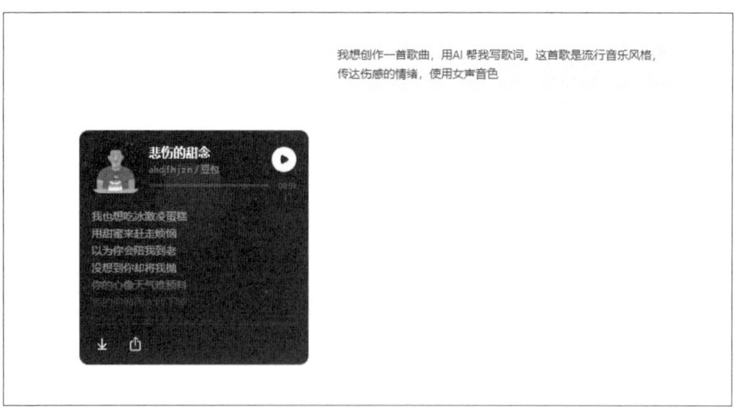

图 5-29

（4）若想要歌词，让豆包执行“提取歌词”指令，就能够得到歌词。

用户： 提取歌词。

豆包：
以下是为你创作的歌词：
[verse]
我也想吃冰激凌蛋糕
用甜蜜来赶走烦恼
以为你会陪我到老
没想到你却将我抛
你的心像天气难预料
我的泪像雨水往下掉
把回忆统统都烧掉
这份爱最后还是遗憾的句号
[chorus]
分开那天你却没有回头看我一眼
留下背影带走了从前
我拼了命地追赶没把你手牵
而你却消失在人海里面

5.4.2 听歌和分析歌曲

这个功能可以帮助用户查找自己想听的音乐，以及了解歌曲背后的故事或者理解歌词中表达的含义。

用户可以在豆包中输入想听的音乐，豆包可以根据自己的曲库快速为用户查找并播放他们想听的歌曲，如图5-30所示。

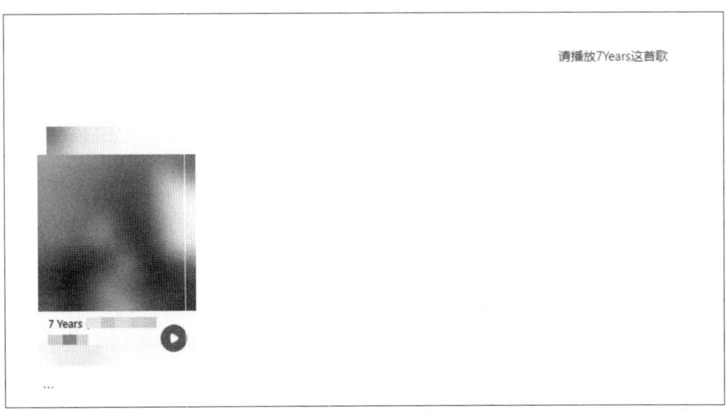

图 5-30

如果想进一步了解该歌曲的深层含义，可以再次对豆包下达指示。

用户：《7 Years》的歌词表达了什么含义？

豆包：《7 Years》的歌词表达了对人生不同阶段的感悟、成长的思考，以及对未来的憧憬与担忧，主要含义如下。

1. 童年的懵懂与教诲

“Once I was seven years old, my mama told me, Go make yourself some friends or you’ll be lonely”描绘了童年时母亲的教导，强调了交友的重要性，暗示人在幼年时就需要社交和陪伴，孤独是需要避免的状态。

“It was a big big world, but we thought we were bigger. Pushing each other to the limits, we were learning quicker”体现了孩子眼中世界的广阔，以及年少时的无畏和探索精神，尽管世界很大，但孩子们觉得自己有能力去征服，在相互的竞争和挑战中快速成长。

2. 少年的迷茫与梦想

“Once I was eleven years old, my daddy told me, Go get yourself a wife or you’ll be lonely”反映出老一辈对婚姻和伴侣的重视，父亲对儿子的这一教导，体现了传统观念中家庭和伴侣在人生中的重要地位，也侧面展示了少年时期开始面临的来自家庭的期望和人生方向的引导。

“I always had that dream like my daddy before me. So I started writing songs, I started writing stories”表明歌手像自己的父亲一样，有着成为歌手的梦想，并开始通过写歌、写故事来追求梦想，这里体现了梦想的传承，以及少年对未来的憧憬和为之努力的决心。

3. 青年的奋斗与孤独

“Once I was twenty years old, my story got told. Before the morning sun, when life was lonely”说明青年时期歌手的故事开始被人知晓，有了一定的成就，但在黎明前、在成功之前，生活仍然充满孤独。这反映出在追求梦想的道路上，即使有了成绩，孤独感依然如影随形，成功的背后也有着不为人知的辛酸和孤独。

“I only see my goals, I don’t believe in failure. Cause I know the smallest voices, they can make it major”体现了青年的自信和坚定，只专注于自己的目标，不相信失败，相信即使是微小的声音也能成就伟大的事业，展现出年轻人的冲劲和对未来的积极态度。

4. 中年的反思与收获

“Soon we’ll be thirty years old, our songs have been sold. We’ve traveled around the world and we’re still roaming”描述了即将步入中年，歌手的歌曲得到了认可，他们的音乐事业取得了成功，游历世界但仍在探索前行。这体现了人到中年时对过去努力的回顾以及对未来继续探索的思考。

“I’m still learning about life. My woman brought children for me. So I can sing them all my songs, and I can tell them stories”表达了中年时期对人生的不断学习和感悟，同时歌手有了自己的家庭和孩子，他可以把自己的经历和故事通过歌曲传递给孩子，体现了一种

传承和对家庭的责任感。

5. 老年的展望与担忧

“Soon I’ll be sixty years old. My daddy got 61. Remember life, and then your life becomes a better one”表达了对老年生活的展望，父亲61岁的经历让歌手对自己的老年有所思考，意识到要珍惜生活，才能让生活变得更美好。

“I hope my children come and visit once or twice a month. Soon I’ll be 60 years old. Will I think the world is cold, or will I have a lot of children who can warm me”体现了对老年时家庭关系的期待和担忧，希望孩子能经常看望自己，担心自己年老时是否会感到孤独，或者是否能拥有温暖的家庭氛围。

总的来说，《7 Years》的歌词通过对人生各个阶段的描述，展现了成长过程中的经历、感悟和对未来的思考，引发了人们对人生的反思和对不同阶段生活的共鸣。

第 6 章

生活与便捷：智享丰富人生

生活娱乐是人们生活中不可或缺的一部分。随着科学技术的不断进步，豆包先进的自然语言处理模型正在逐渐融入人们生活娱乐的各个方面。无论是在旅游中获取相关信息，还是在心理咨询时获得真实的互动体验，抑或是在日常生活中进行娱乐放松，豆包给人们的生活带来了便捷，对生活有着重要的作用。本章将探讨豆包在生活方面的应用，体会人工智能带来的便捷，享受丰富人生。

6.1　心灵树洞：守护心灵港湾

在日常生活中，人与人之间相处总免不了大大小小的摩擦，这时候就需要一个倾诉树洞，能够倾听自己的内心，还能够答疑解惑，为自己排忧解难。豆包支持人物互动对话，它可以扮演倾听者，用心倾听用户的问题，根据用户遇到的事情给出相应的安慰与解决措施，守护用户心灵的港湾。

6.1.1　亲密关系分析

亲密关系分析功能旨在为用户提供专业的心理指导和建议，帮助用户解决在亲密关系或者其他关系方面的问题。当用户与豆包分享困扰时，它会用心倾听，并以非评判性、支持性和同理性的方式回应，并帮助用户认识问题的根源，提供一些应对策略和心理干预建议，例如改变思维方式、调节情绪等。

用户：我和我的朋友喜欢写小说，但是她的阅读量不够，写出来的语言很苍白，总是喜欢用古诗去填充自己的故事。不过，她签约了，我很高兴，但是她就算签约成功了，我仍然觉得她写的小说有问题，可她现在不怎么听我的，我该怎么和她沟通?

豆包：

首先，你能在朋友取得成绩时为她感到高兴，这是非常可贵的。但对于她写作上的问题，你可以考虑使用以下方式与她沟通。

1. 选择合适的时机：找一个她心情较好、比较放松的时候提出你的想法。

2. 表达你的关心：让她知道你是出于对她的关心和对她作品质量的期望才提出建议的。

3. 指出具体问题并举例说明你觉得语言苍白的地方，以及过多使用古诗可能带来的影响。

4. 提供建议：可以分享一些提高语言表达和丰富故事内容的方法，比如多阅读优秀作品、学习写作技巧等。

5. 尊重她的选择：最后要表示你尊重她的创作风格和决定，只是希望能给她一些参考。

需要注意的是，每个人对于写作都有自己的理解和风格，你的朋友可能有她自己的想法和考虑。尽量以建设性的方式进行沟通，避免让她感到被批评或指责。同时，也要尊重她的决定，毕竟写作是一种个人表达。

这只是我的一些个人意见，如果你觉得这个问题对你的情绪或关系产生了较大影响，也可以寻求专业心理治疗师的支持。

6.1.2 心理辅导

心理辅导功能可以帮助用户探索内心世界，理解和处理各种情绪和困扰。豆包会耐心倾听和感受用户的故事，给予用户情感上的支持和共鸣。

用户：最近朋友的小说签约了，而我没签约，我去问了关于签约的问题："像我这样的去投稿，能签最低档的那种吗？"她说："不见得，很多人被拒了。"因为在此之前，我能准确感觉到，单从文笔来看，她还需要磨炼，但我没有否定她，只是让她别自傲。我觉得她签约之后跟我说我的作品很好，显得很虚假，就像是迎合我说的，而现在她得到了确定的答案，就可以真正否定我似的。就因为她这句话，我怀疑了自己好久，整夜睡不着。

豆包：

朋友的话可能让你感到有些失落和自我怀疑，但请记住，每个人的创作道路都是不同的，签约与否并不能完全衡量一个人的价值和才华。

她的评价可能只是基于她个人的观点和经验，并不一定代表客观事实。不要让别人的意见左右你的自信和信念，相信自己的能力和潜力。

如果你对自己的作品有信心，可以继续努力提升和完善，寻找适合的投稿机会。同时，也可以尝试寻求其他可靠的反馈和建议，以更客观地看待自己的作品。

对于睡眠问题，试着放松自己，避免过度纠结这件事情。可以尝试一些放松的活动，如冥想、深呼吸或阅读一本轻松的书籍。

保持积极的心态，相信自己的努力会带来好的结果。

6.1.3 礼物推荐

礼物推荐功能是一个十分贴心且周到的功能，它能够根据用户提供的送礼对象、目的、预算或礼物类型等信息，为用户挑选最合适的礼物。同时，还会为用户推荐的每个礼物给出详细的理由和使用建议。

用户：过年走访亲戚，送长辈什么礼物合适？

豆包：

1. 按摩椅

推荐理由：长辈们随着年龄增长，身体容易疲劳，按摩椅能让他们在家中随时享受舒适的按摩，放松身心，缓解疲劳。

使用建议：可以提前为长辈设置好适合他们的按摩模式和力度，教他们如何操作和调整。

2. 营养保健品礼盒

推荐理由：有助于补充长辈身体所需的营养，增强体质，体现对他们健康的关心。

使用建议：可以根据长辈的身体状况选择合适的保健品，并叮嘱按时按量服用。

3. 优质茶叶

推荐理由：很多长辈有喝茶的习惯，送品质好的茶叶能满足他们的日常需求，这也是一种高雅的礼物。

使用建议：可以搭配一套精美的茶具一起赠送，让长辈能更好地享受泡茶的过程。

4. 羊绒围巾

推荐理由：在寒冷的冬天能给长辈带来温暖，而且羊绒材质柔软舒适，显得很贴心。

使用建议：选择适合长辈喜好的颜色和款式，亲自为他们围上，让他们感受到温暖。

5. 智能血压计

推荐理由：方便长辈在家自行测量血压，及时了解自己的健康状况。

使用建议：耐心教会长辈如何正确使用，定期提醒他们测量。

6. 书法绘画作品

推荐理由：如果长辈对艺术有兴趣，一幅精美的书法或绘画作品可以增添家居的文化氛围。

使用建议：根据长辈的家居风格选择合适的作品，帮助他们悬挂在合适的位置。

7. 定制的相册

推荐理由：装满家庭的温馨照片，能让长辈回忆美好时光，感受到亲情的温暖。

使用建议：可以在相册上写上一些温馨的话语，表达对长辈的爱。

8. 家用空气净化器

推荐理由：改善室内空气质量，对长辈的呼吸健康有益。

使用建议：安装在长辈经常活动的房间，定期更换滤网。

9. 高档的保暖内衣

推荐理由：贴身的保暖衣物能在寒冬为长辈提供实实在在的温暖。

使用建议：选择舒适的面料和合适的尺码。

10. 厨房小家电（如豆浆机、电压力锅等）

推荐理由：方便长辈烹饪，提升生活品质。

使用建议：为长辈演示操作方法，准备一些简单的食谱。

6.1.4　数码产品购物建议

数码产品购物建议功能的作用是根据用户的需求和预算，为用户提供高性价比的数码产品购物建议。具体来说，豆包会详细描述推荐产品的性能、功能、兼容性、可靠性等关键指标，帮助用户更好地了解产品的优点和不足。

同时，它还会对比不同品牌和型号的产品，分析各方案的优缺点，并给出购买途径建议。如果对特定的产品技术有疑问，豆包会提供专业的分析和解答，为用户提供最完善的数码产品建议。

用户：请帮我推荐几款好用的平板，日常能够满足我的设计和绘画需求，能够下载设计绘图软件，打游戏流畅、性能好，我的预算在3000～6000。

豆包：

以下是一些在3000～6000元预算范围内，满足设计绘画、游戏等需求的平板推荐。

1. 苹果iPad Air 5

价格：64GB Wi-Fi版价格在4000元左右，不同配置和存储容量价格有所差异。

性能：搭载M1芯片，性能强劲，能够轻松应对多任务处理，以及大型游戏的运行，无论是设计绘图软件的使用，还是运行对性能要求较高的游戏，都能保持流畅。

屏幕：10.9英寸的Liquid视网膜显示屏，色彩还原度高，显示效果细腻，对于设计和绘画来说，能够准确呈现色彩和细节，提供良好的视觉体验。

软件生态：App Store中有丰富的设计绘图软件可供下载，如Procreate等，这些软件功能强大、专业性高，能够满足专业设计和绘画需求。

2. 华为MatePad Pro 11（2024款）

价格：根据不同配置，价格在4000～5000元。

性能：搭载麒麟9000S（降频版）处理器，性能表现出色，能够保证设计绘图软件的流畅运行，以及游戏的稳定帧率。

屏幕：11英寸的高清全面屏，120Hz高刷新率，屏幕显示清晰、流畅，色彩表现也较为出色，设计和绘画工作来说，能够提供较好的视觉效果和操作体验。

软件生态：华为的鸿蒙系统拥有丰富的办公和设计软件生态，例如华为笔记等，方便用户进行设计和记录。同时，该平板也适配了一些专业的设计绘图软件，满足用户的设计需求。

3. 小米平板6 Pro

价格：3000元左右的价格具有较高的性价比。

性能：搭载骁龙8+ Gen 1处理器，性能强劲，能够满足设计绘图和游戏的需求。在游戏方面，能够流畅运行各类大型游戏，并且散热表现也不错。

屏幕：11英寸的2.8K高清屏幕，144Hz高刷新率，屏幕素质较高，显示效果清晰、流畅，色彩鲜艳，对于设计和绘画来说，能够提供较好的视觉体验。

软件生态：小米平板的软件生态在不断完善，用户可以下载一些主流的设计绘图软件，并且该平板也支持分屏、小窗等功能，方便用户在设计和绘图的同时进行其他操作。

4. 荣耀平板MagicPad 2

价格：256GB版本价格在3000元左右，不同存储容量价格有所不同。

性能：搭载高性能的处理器，能够保证设计绘图软件的流畅运行和游戏的稳定体验。其整体性能表现较为出色，能够满足用户的日常使用需求。

屏幕：拥有出色的屏幕素质，显示效果清晰，色彩鲜艳，对于设计和绘画来说，能够准确呈现色彩和细节。该平板还具有护眼功能，长时间使用对眼睛的伤害较小。

软件生态：荣耀平板的软件生态也在不断发展，用户可以下载一些常用的设计绘图软件，并且该平板还支持多屏协同等功能，方便用户与其他设备进行交互和文件传输。

以上几款平板在性能、屏幕和软件生态等方面都能够满足设计、绘画和游戏的需求，你可以根据自己的个人喜好和预算进行选择。

6.2 日常生活小帮手：提高生活质量

豆包在日常生活中能充当多种小帮手，它能用它专业的"知识大脑"回答各种生活上的问题，本节将介绍豆包在生活当中有趣的应用方式，看看豆包是如何在数秒之内回答用户的问题的，进而提高用户的生活质量。

6.2.1 私人健身教练

健身有益于身体健康，很多人在健身的过程中会遇到缺乏动力、不知道如何安排训练计划等问题。豆包可以根据用户的身体状况、健身目标和喜好，制订个性化的健身计划，并为用户提供健身知识和技巧。豆包不仅可以为用户解决健身方面的问题，还能够为用户提供持续的健身动力和支持，使用户能够更好地坚持健身，享受健康和幸福的生活。

下面看一看豆包对健身有什么建议。

用户：我想让我的肚子上有马甲线，但不需很明显的肌肉线条，请问有什么方法？

豆包：

以下是一些可以帮助你练出不太明显肌肉线条的马甲线的方法。

一、饮食控制

控制热量摄入：计算自己每天所需的热量，保持适度的热量缺口，以促进腹部脂肪的减少。一般而言，成年女性每天摄入1200～1500千卡，成年男性每天摄入1500～1800千卡。但不要过度节食，否则可能会影响身体健康和新陈代谢。例如，可以使用一些饮食记录类的App来帮助计算。

均衡饮食：增加膳食纤维的摄入，多吃蔬菜（如西蓝花、菠菜、芹菜等）、水果（如苹果、橙子、香蕉等）、全谷物（如燕麦、糙米、全麦面包等），这些食物可以提供饱腹感，减少其他高热量食物的摄入。同时，保证蛋白质的摄入，选择瘦肉（如鸡胸肉、鱼肉、牛肉）、豆类、蛋类等优质蛋白质来源，有助于维持肌肉量。减少高糖、高脂肪和加工食品的食用，如糖果、油炸食品、蛋糕等。

二、有氧运动

跑步：每周进行3～5次，每次30分钟以上的慢跑。跑步可以有效燃烧全身脂肪，包括腹部脂肪。例如，可以在公园或者跑步机上进行，保持适中的速度，以能够持续跑步且仍可进行简单对话为宜。

游泳：游泳是一种全身性的有氧运动，对关节压力小。自由泳、蛙泳等都可以锻炼到腹部肌肉，每次游30～60分钟，频率为每周2～3次。

骑自行车：无论是户外骑行还是室内的动感单车，都有助于燃烧腹部脂肪。骑行时保持一定的强度，持续30分钟以上，每周进行3～4次。

三、腹部针对性训练

仰卧卷腹：平躺在瑜伽垫上，双腿屈膝，双手抱头或者放在耳侧。利用腹部力量将上半身抬起，感受腹部肌肉的收缩，每组15～20次，做3～4组。注意不要用手臂过度拉扯头部，以免造成颈部损伤。

反向卷腹：平躺在瑜伽垫上，双手放在身体两侧，双腿并拢伸直。然后腹部发力，将双腿向上抬起，尽量靠近胸部，每组12～15次，做3～4组。

平板支撑：双肘和双脚支撑地面，保持身体呈一条直线，腹部收紧。每次持续30～60秒，进行3～4组。注意不要塌腰或者撅臀，避免动作变形影响锻炼效果。

四、生活习惯调整

充足睡眠：保证每天7～9小时的高质量睡眠。睡眠不足可能会导致激素失衡，影响新陈代谢，增加食欲，尤其是对高热量食物的渴望，从而不利于腹部脂肪的减少和马甲线的塑造。

减少久坐：长时间坐着会导致腹部脂肪堆积，工作或学习一段时间后要起身活动一下，如伸展身体、走动几分钟等。

6.2.2 日常医护知识

豆包可以为用户解答各种关于医护健康的问题，包括以下几个方面。

（1）提供基本健康咨询：豆包可以回答关于健康、营养、锻炼等方面的基本问题。

（2）疾病预防与治疗：豆包可以提供一些疾病（如哮喘、高血压、糖尿病等方面）的预防和治疗方案。此外，豆包还可以提供一些医疗用品和药品的建议。

（3）心理咨询：豆包可以回答一些与心理健康相关的问题，包括焦虑、抑郁、压力等方面。此外，豆包还可以提供一些有用的技巧和建议，以便帮助人们提高心理健康水平。

（4）寻求帮助：豆包可以为那些需要寻求专业医护建议的人提供指引，如哪些医疗机构可以提供更好的医疗服务，哪些专家可以提供更好的帮助等。

用户：我今天早上刷牙在刷舌苔时经常反胃，身体常感觉到疲惫，胃口不好，最近吃很辣的东西经常感觉没有味道，请问这是为什么？

豆包：

刷牙刷舌苔时反胃、身体疲惫、胃口不好、味觉异常可能由以下几种情况引起。

一、消化系统问题

胃食管反流：食管下括约肌功能障碍等原因可导致胃内容物反流至食管，甚至口腔。刷牙刺激舌苔时可能会诱发恶心、反胃。同时，反流的胃酸可能会影响食欲，长期存在还可能导致身体不适和疲惫感。辛辣食物可能会加重反流症状，而且反流可能损伤味蕾周围的微环境，影响味觉。

胃炎或胃溃疡：胃黏膜受损，在炎症或溃疡的刺激下，胃部的敏感性增加。刷牙刺激可能引发恶心反射，而且胃炎、胃溃疡患者常常伴有食欲不振、身体乏力等症状。吃辣后，辣椒素刺激胃黏膜，加重胃部不适，也会进一步影响味觉感知。

肝胆疾病：例如胆囊炎、肝炎等，会影响胆汁的分泌和排泄。胆汁对于脂肪的消化吸收至关重要，肝胆功能异常可能导致消化功能紊乱，出现食欲减退、恶心等症状。身体也会因消化吸收不良而感觉疲惫，而味觉异常可能是由于体内代谢紊乱间接引起的。

二、口腔问题

慢性咽炎：咽部黏膜长期受到炎症刺激，咽反射会变得敏感。刷牙刷舌苔时，容易刺激到咽部，引起恶心、反胃。慢性咽炎还可能伴随咽部异物感、干燥等不适，影响食欲和整体的身体状态，吃辣可能会加重咽部的不适感。

口腔卫生不良：舌苔上堆积过多的细菌、食物残渣等，可能会产生异味，刺激口腔和咽部。同时，这些有害物质可能会随着吞咽进入胃肠道，影响消化功能，导致胃口不好和身体疲惫。

三、其他因素

妊娠：对于育龄女性，怀孕后体内激素水平变化，会出现早孕反应，如恶心、呕吐、食欲改变、身体乏力等。刷牙等刺激可能加重恶心症状，而且味觉也可能变得敏感或迟钝。

精神因素：长期的精神压力、焦虑、抑郁等情绪问题，可影响神经系统对胃肠道的调节，导致胃肠功能紊乱，出现恶心、食欲下降等症状。同时，精神因素也可能引起身体的疲劳感，并且可能对味觉产生一定的影响，比如出现味觉减退等情况。压力大时吃辣可能无法像往常一样感受到味道。

营养缺乏：例如缺乏锌等微量元素，可能会导致味觉减退，影响食欲。身体因营养摄入不足或不均衡，会出现疲惫感。长期营养缺乏还可能影响胃肠道黏膜的正常功能，加重消化功能异常。

6.2.3　穿搭灵感来源

穿搭灵感指的是在搭配服装时所需要用到的创意和想法。当用户询问豆包时，它便会给出合理、时尚的穿搭灵感。

用户：请推荐3套适合通勤的女士穿搭。

豆包：

以下是3套适合通勤的女士穿搭推荐。

第一套：蓝色衬衫搭配五分西装裤的通勤穿搭

蓝色衬衫搭配五分西装裤是一种时尚又实用的通勤穿搭选择。蓝色衬衫给人一种清新、专业的感觉，而且不同深浅的蓝色可以适应不同的肤色和个人风格。五分西装裤则既保持了西装的正式感，又增添了一份时尚休闲的气息。

这种搭配在职场中非常合适，既不会过于随意，也不会显得过于拘谨。对夏季通勤，五分西装裤的长度刚好可以保持凉爽，同时也展现出一定的时尚感。可以选择质地良好的棉质或麻质蓝色衬衫，透气舒适，搭配一条修身的五分西装裤，能够凸显身材线条。

为了增加整体的时尚感，可以搭配一些简约的配饰，如一条细腰带，突出腰线；或者选择一款精致的手表，提升整体品位。

在鞋子方面，可以选择平底单鞋或低跟凉鞋，既舒适又时尚。如果想要更加正式一些，可以搭配一双浅口高跟鞋，增加气场。

在颜色搭配上，可以选择经典的蓝白搭配，如白色的五分西装裤搭配蓝色衬衫，给人一种清爽干净的感觉。也可以尝试其他颜色的搭配，如黑色五分西装裤搭配浅蓝色衬衫，展现出稳重与时尚的结合。

第二套：过膝连衣裙的通勤穿搭

过膝连衣裙是通勤穿搭中的经典选择之一。过膝的长度既显得优雅得体，又能够遮盖腿部的不足之处。

在选择过膝连衣裙时，可以考虑不同的款式和材质。例如，修身的款式能够展现出身材曲线，适合身材较好的女性；而宽松的款式则更加舒适自在，适合各种身材的女性。

在材质方面，可以选择棉质、丝绸或羊毛等，根据不同的季节和个人喜好进行选择。

在颜色上，经典的黑、白、灰等中性色是不错的选择，容易搭配且显得稳重专业。同时，也可以选择一些柔和的彩色，如淡蓝色、淡粉色等，增添一份温柔的气息。

在搭配方面，可以根据连衣裙的风格选择不同的鞋子和配饰。如果是简约的连衣裙，可以搭配一双浅口高跟鞋，增加气场；如果是休闲风格的连衣裙，可以搭配一双平底单鞋或运动鞋，更加舒适自在。

在配饰方面，可以选择一条简约的项链或手链，提升整体品位。例如，一条黑色的修身过膝连衣裙，可以搭配一双红色的浅口高跟鞋和一个黑色的手提包，展现出时尚与专业的结合。或者一条淡蓝色的宽松过膝连衣裙，可以搭配一双白色的平底单鞋和一个草编手提包，营造出清新自然的氛围。

第三套：西装套装的通勤穿搭

西装套装是通勤穿搭中的经典之选，它可以展现出专业、稳重的形象。

西装套装通常包括西装外套和西裤，现在也有很多西装套装加入了裙子，更加多样化。在选择西装套装时，要注意材质和版型。优质的材质能够提升整体的质感，如羊毛、麻质等。

在版型方面，要选择合身的款式，既不能过于宽松，也不能过于紧身，以展现出得体的形象。

在颜色上，经典的黑、白、灰是最常见的选择，也是最容易搭配的颜色。此外，深蓝色、卡其色等也是不错的选择，既不会过于沉闷，又能够展现出专业的形象。

在搭配方面，可以根据不同的场合和个人喜好进行选择。如果是正式的场合，可以搭配一双黑色的高跟鞋和一个简约的手提包；如果是较为休闲的场合，可以搭配一双白色的运动鞋和一个时尚的背包。内搭可以选择白色的衬衫或简约的T恤，增加层次感。

例如，一套黑色的西装套装，可以搭配一件白色的衬衫和一条红色的领带，展现出时尚与专业的结合；一套卡其色的西装套装，可以搭配一件蓝色的T恤和一双白色的运动鞋，营造出休闲时尚的氛围。

以上就是3套适合通勤的女士穿搭推荐。在选择通勤穿搭时，要考虑到自己的工作环境、个人风格和舒适度，选择适合自己的服装和配饰，展现出专业、自信的形象。

6.3　美食之窗：品味生活至味

美食之窗旨在为用户提供与美食相关的信息。具体来说，美食之窗功能可以用来查找特定地点附近的美食，也可以查找各种美食攻略和菜谱。

6.3.1　定制私人食谱

豆包可以根据用户的口味、偏好和营养需求，定制个性化的菜谱。

用户：我想请你充当我的私人厨师。我会告诉你我的个人口味，你需要为我推荐菜谱。我的需求是“我喜欢吃肉，不怕胖，尽量兼顾我的口味，帮我生成两天的三餐，我的口味偏欧式。”

豆包：

第一天

1. 早餐

（1）德式香肠拼盘：准备几种不同口味的德式香肠（如法兰克福香肠、图林根香肠等），将香肠煎至表面微焦，搭配全麦芥末酱。

（2）欧式炒蛋：将鸡蛋打散，加入少量牛奶、盐和黑胡椒，在平底锅中用小火慢慢翻炒成嫩炒蛋。

（3）蔬菜沙拉：选用生菜、芝麻菜、小番茄、紫甘蓝等，淋上橄榄油、醋、蜂蜜和少许盐混合而成的油醋汁。

（4）全麦面包片：两片全麦面包，可搭配少许黄油。

（5）咖啡或茶：一杯黑咖啡或者英式早餐茶。

2. 午餐

（1）意大利番茄肉酱面（肉多版）：牛肉末和猪肉末混合，用洋葱、大蒜炒香，加入番茄罐头、番茄酱、罗勒叶、牛至叶、盐、黑胡椒等熬制成浓郁的肉酱。煮好的意面（如直面或螺旋面）与肉酱拌匀，撒上一些帕玛森芝士粉。

（2）烤鸡胸肉：将鸡胸肉用盐、黑胡椒、迷迭香、橄榄油腌制后，放入烤箱用200℃烤20～25分钟，直到鸡肉熟透，切成条状。

3. 晚餐

（1）法式红酒炖牛肉：牛肉切块，用红酒浸泡1～2小时。洋葱、胡萝卜、芹菜切块。锅中放橄榄油，将牛肉煎至两面金黄盛出，用余油炒香蔬菜，加入面粉翻炒成面糊，倒入泡牛肉的红酒和适量牛肉汤，放入牛肉、香叶、百里香等香料，炖煮2～3小时。

（2）蒜香烤蘑菇：蘑菇去蒂，在表面放上小块黄油、蒜末、盐和黑胡椒，放入烤箱用180℃烤15～20分钟。

第二天

1. 早餐

（1）希腊酸奶碗：将无糖希腊酸奶铺在碗底，放上新鲜的蓝莓、草莓、树莓等莓果，再加入一些烤过的坚果（如核桃、榛子）和蜂蜜。

（2）火腿芝士可颂：购买现成的可颂面包，中间夹上火腿片和芝士片，放入烤箱稍微加热至芝士融化。

（3）鲜榨葡萄柚汁：用新鲜葡萄柚榨汁。

2. 午餐

（1）西班牙海鲜烩饭（肉多版）：用橄榄油炒香洋葱、大蒜，加入西班牙辣肠、鸡肉块翻炒，再放入生米翻炒均匀。加入适量的藏红花水、番茄汁、盐、黑胡椒等，依次铺上虾、青口贝、鱿鱼等海鲜，盖上锅盖小火焖煮20～25分钟。

（2）香煎猪肋排：将猪肋排用盐、黑胡椒、红糖、辣椒粉、迷迭香等混合调料腌制2～3小时，放入平底锅煎至两面金黄，可搭配一些烧烤酱。

3. 晚餐

（1）瑞士奶酪火锅（配肉）：将格鲁耶尔干酪、埃曼塔尔干酪等混合切碎，放入锅中，加入白葡萄酒、大蒜、柠檬汁、淀粉等煮成奶酪糊。准备一些切块的面包、火腿、牛肉片等，用长柄叉叉住食材，放入奶酪锅中蘸食。

（2）烤蔬菜沙拉：将南瓜、西葫芦、甜椒等蔬菜切块，用橄榄油、盐、黑胡椒拌匀，放入烤箱用200℃烤20～25分钟，与生菜、芝麻菜等混合，淋上橄榄油醋汁。

当你下班回家后，发现冰箱里只剩下了一棵生菜、两个辣椒、三个鸡蛋和一根火腿肠，又不想下去再买菜时，你会怎么办？不如交给豆包，让它来帮你生成一份特殊的食谱。

用户：冰箱里就剩一棵生菜、两个辣椒、三个鸡蛋和一根火腿肠，用这几样东西可以做个什么菜？

豆包：

根据冰箱里现有的食材，可以做下面这道菜。

辣椒火腿炒鸡蛋生菜

食材准备：

生菜1棵、辣椒2个、鸡蛋3个、火腿肠1根、蒜2～3瓣、盐、生抽、食用油。

做法步骤：

将生菜洗净并撕成小块，将辣椒洗净切成丝，将火腿肠切成片，将蒜切成末，将鸡蛋打入碗中，加少许盐搅散备用。

在锅中倒油，油热后倒入鸡蛋液，待鸡蛋凝固后用铲子快速搅散盛出。

在锅中再倒少许油，放入蒜末爆香，加入辣椒丝翻炒至微微变软。

放入火腿肠片继续翻炒片刻。

倒入炒过的鸡蛋，翻炒均匀后加入生菜块。

待生菜变软后，加入适量盐和生抽调味，翻炒均匀即可出锅。

这道菜融合了蔬菜、鸡蛋和火腿，营养较为丰富。如果希望口味更丰富，可以加一些黑胡椒粉等调味料。

如果你的朋友来家里做客，针对他们个人的口味，豆包也可以制“作出”专属的菜谱。

6.3.2　输入地名自动推送当地美食

当用户输入一个地名时，豆包会从它的数据库中心检索该地点的相关美食信息，包括当地的特色美食、热门菜、经典菜。这时豆包会按照一定的顺序排列，并展示给用户。

这个功能可以帮助用户了解当地的饮食习惯，并做出更好的用餐选择。同时，该功能也可以帮助用户发现一些当地人喜欢的特色餐厅和小吃，让用户的体验更加丰富多彩。

用户：请告诉我游客在陕西必吃的十大美食。

豆包：以下是游客在陕西必吃的十大美食。

1. 肉夹馍：选用腊汁肉，剁碎夹于馍中，馍酥肉香，回味无穷；
2. 陕西凉皮：种类繁多，有麻酱凉皮、红油凉皮等，口感爽滑，酸辣可口；
3. 牛羊肉泡馍：以牛羊肉加佐料煮烂，再将馍掰碎泡入，肉烂汤浓，香醇味美；
4. 葫芦头：馍块洁白晶亮、软绵滑韧，肉嫩汤鲜，肥而不腻，醇香扑鼻；
5. biangbiang面：面条宽厚有嚼劲，配上各种调料，味道浓郁；
6. 陕西饸饹：用荞麦面等制作，口感筋道，可凉拌或热炒；
7. 臊子面：面条细长，臊子鲜香，红油浮面，汤味酸辣；
8. 锅盔：外酥里嫩，麦香十足；
9. 千层油酥饼：层次分明，酥脆可口，油香四溢；
10. 金线油塔：形如塔，松软绵润，油香浓郁。

这些美食都具有浓郁的陕西特色，能让游客品尝到地道的陕西风味。当然，陕西还有许多其他美食值得一试，游客可以根据自己的口味和喜好进行选择。

6.3.3 美食背景百事通

这个功能可以帮助用户更好地了解美食的背景知识和历史文化，深入了解舌尖上的历史韵味。

用户：请介绍一下李鸿章烩菜的背景知识及来源。

豆包：

李鸿章烩菜有两种说法，一种是安徽的李鸿章大杂烩，另一种是河北保定的李鸿章烩菜，两者背景知识及来源如下。

1. 安徽李鸿章大杂烩

（1）背景：诞生于晚清时期，当时中国正处于内忧外患、对外交流频繁的阶段。李鸿章作为晚清重臣，经常参与外交活动和各种宴请，这道菜的出现与他的外交经历有关。

（2）来源传说

说法一：清光绪二十二年（1896年），李鸿章访问美国期间宴请美国宾客，因中国菜可口美味，深受欢迎，宾客吃的时间很长。李鸿章即命厨师加菜，但正菜已上完，厨师只好将所剩海鲜等余料混合下锅，烧好上桌，外宾尝后赞不绝口，并询问菜名，李鸿章用合肥话说“杂碎”（即杂烩谐音）。此后，“大杂烩”便在美国传开，合肥城乡也仿而效之，遂成名菜，后来此菜便被命名为“李鸿章大杂烩”。

说法二：同样是在李鸿章访问美国时，宾客对中国菜喜爱有加，连吃几个小时，主菜用完，厨师将做菜剩下的边角料混在一起烹饪，凑成一道菜。宾客尝后叫好并问菜名，李鸿章答“好吃多吃”，与英语“杂烩（hotchpotch）”发音相近，后来此菜便被命名为“李鸿章大杂烩”。这道菜由鸡肉、水发海参、熟白鸡肉、熟火腿、油发鱼肚、水发鱿鱼、水腐竹、蛋黄糕、鸽蛋、净鱼肉、水发玉兰片、水发冬菇、熟白猪肚、干贝等多种食材组成。

2. 河北保定李鸿章烩菜

（1）背景：与保定府的饮食文化传统，以及直隶总督李鸿章的经历相关。保定府自古擅做烩菜，而李鸿章作为直隶总督，在保定有一定的影响力，这道菜的产生与他在保定的饮食经历有关。

（2）来源传说：李鸿章到外国出公差，在招待洋大使时，宾客将饭菜吃光，李鸿章让厨师加菜，但厨房里备料不足。厨师把配菜剩下的海参、鱼肚、鱿鱼、熟火腿、玉兰片、腐竹等食材放到一起，加上佐料调味后上桌。客人们尝过都竖起大拇指询问菜名，李鸿章随口说这菜叫“杂碎”。回到保定后，他跟膳食总管董茂山提起此事，董茂山和师弟王喜瑞用名贵的海参、鱼翅、鹿筋、牛鞭，配上大白菜、白豆腐、宽粉条，又加入保定特产的槐茂面酱，按保定府传统烩菜做法精心加工，于是直隶名菜“李鸿章烩菜”就此诞生。

6.3.4　健康饮食计划

当你正在减肥或增肥时，不知道如何搭配食物，不妨试着问问豆包。豆包作为一个人工智能语言模型，可以根据用户的个人情况和目标，为其制订个性化的健康饮食计划。这些计划通常包括每天的饮食目标，如热量、蛋白质、脂肪、碳水化合物、膳食纤维、维生素和矿物质的摄入量。此外，豆包也能给出具体的饮食建议，例如，减肥的话，控制食物的摄入量，选择低脂肪、低糖分的食物，适当吃水果和蔬菜等。

用户：请设计一份适合外胚型瘦子增肥的健康饮食计划，计划内容需要包含一日三餐，要求营养均衡。

豆包：

外胚型瘦子增肥需要注意以下几个方面。

饮食方面

增加热量摄入：计算自己每天所需的热量，在此基础上额外增加500～1000千卡的热量。可以通过多餐和加大餐量来实现，比如每天除了正常的三餐，可以增加2～3次餐，选择高能量密度的食物，如坚果、奶酪、全脂牛奶等。

保证营养均衡：不能只注重热量，碳水化合物、蛋白质和脂肪都要合理摄入。对于碳水化合物，可选择复合碳水化合物，如全麦面包、糙米、燕麦等，它们能提供持续的能量；蛋白质来源包括瘦肉（鸡肉、牛肉、猪肉）、鱼类、蛋类、豆类和奶制品，有助于肌肉生长和修复；健康的脂肪可以从橄榄油、鱼油、坚果中获取。同时，要多吃蔬菜和水果，以补充维生素和矿物质。

注意饮食频率：少食多餐可以使身体持续有能量供应，避免一次摄入过多导致消化不良。尽量每隔2～3小时进食一次，保持肠胃的活跃状态。

运动方面

以力量训练为主：由于外胚型体质的人通常肌肉量较少，应侧重于力量训练，如深蹲、卧推、哑铃肩推、引体向上等复合动作。这些训练可以刺激肌肉生长，增加肌肉量，从而提高基础代谢率。开始时可以使用较轻的重量，逐渐增加负荷，但要保证动作的规范，避免受伤。

适度有氧训练：有氧训练不宜过多，因为过量的有氧运动会消耗过多热量，不利于增肥。可以选择一些低强度、短时间的有氧活动，如散步、慢跑等，每周2～3次，每次20～30分钟即可。

生活习惯方面

保证充足的睡眠：睡眠不足会影响激素分泌，特别是生长激素和睾酮等与肌肉生长和恢复相关的激素。每天应保证7～9小时的高质量睡眠，有利于身体恢复和肌肉生长。

减少压力：长期的高压力状态会影响食欲和身体的代谢功能。可以通过冥想、深呼吸、瑜伽等方式来缓解压力，保持良好的心态。

其他方面

定期体检：在增肥过程中，要定期进行体检，确保体重的增加是健康的，没有引起其他健康问题，如血脂异常、血糖升高等。

保持耐心：增肥是一个渐进的过程，不要期望在短时间内看到巨大的变化。要有耐心，持续坚持健康的增肥计划。

6.3.5 食物热量查询

这个功能能够根据用户提供的食物名称，查询食物的热量、蛋白质、脂肪和碳水化合物等含量信息。

用户：请帮我查询可颂面包的热量。

豆包：每100克可颂面包的热量约为375千卡。

同时，豆包还能够根据用户的需求提供相应的饮食建议，帮助用户更好地控制饮食。

用户：这是我中午的午餐：300g鸡蛋辣椒火腿加上白菜、500g米饭、两包50g巴旦木、一盒150g酸奶，200g玉米，我的年龄是22岁，目前没有运动量，在办公室办公，请帮我计算一下这些食物的热量，并按照增肥规定的标准，查看一下是否达标。

豆包：

以下是这些食物的热量及营养成分信息。

300g鸡蛋辣椒火腿：热量约为420千卡，蛋白质约30g，脂肪约25g，碳水化合物约15g。

500g米饭：热量约为600千卡，蛋白质约12g，脂肪约1g，碳水化合物约130g。

两包50g巴旦木：热量约为500千卡，蛋白质约20g，脂肪约40g，碳水化合物约20g。

150g酸奶：热量约为105千卡，蛋白质约4.5g，脂肪约3g，碳水化合物约15g。

200g玉米：热量约为200千卡，蛋白质约4g，脂肪约2g，碳水化合物约40g。

将这些食物的热量相加，总热量约为1825千卡。对于22岁没有运动量的办公室办公人员来说，这个热量摄入可能偏高，有增肥的可能性。

然而，增肥是否达标还需要考虑其他因素，如你的身体状况、基础代谢率、目标体重等。以下是一些额外的建议。

1. 逐渐增加热量摄入：如果你想增肥，可以逐渐增加每餐的热量，但要避免过度进食。

2. 均衡饮食：确保摄入各种营养素，包括蛋白质、碳水化合物、健康脂肪、维生素和矿物质。

3. 增加蛋白质摄入：有助于增加肌肉质量，可以选择鸡胸肉、鱼、豆类等食物。

4. 分餐制：将食物分成多餐食用，有助于提高新陈代谢。

5. 定期称重：监测体重变化，以调整饮食和运动计划。

每个人的身体情况不同，增肥的需求也因人而异。如果你对增肥有特定的目标或担忧，建议咨询医生或专业的营养师，他们可以根据你的具体情况提供更个性化的建议。

6.3.6　烘焙食谱

烘焙食谱功能能够为用户提供各种烘焙食品的做法，包括制作步骤、烹饪窍门和技巧等。它不仅可以根据用户的自身需求，修改其中的配方，以提供满足用户需求的烘焙食品的做法，还能解答用户在甜品制作过程中的各种问题。

用户：我想学习巴斯克蛋糕的做法，比较喜欢抹茶口味，没有什么需要忌口的。

豆包：

以下是为您结合品牌推荐的抹茶口味巴斯克蛋糕食谱。

所需材料如下。

-奶油奶酪：Kiri 300g

-细砂糖：太古70g

-鸡蛋：德青源2个，蛋黄1个

-淡奶油：总统150g

-玉米淀粉：新良10g

-抹茶粉：丸久小山园8g

制作步骤：

1. 先将Kiri奶油奶酪室温软化，或者隔热水搅拌软化，搅拌至顺滑无颗粒的状态。

2. 分3次加入太古细砂糖，每次加入后都搅拌均匀。

3. 把德青源鸡蛋和蛋黄打散，分多次慢慢加入奶酪糊中，每次都搅拌均匀后再加入下一次。

4. 倒入总统淡奶油，继续搅拌均匀。

5. 将丸久小山园抹茶粉和新良玉米淀粉筛入奶酪糊中，用打蛋器搅拌均匀至无干粉状态。

6. 准备一个6寸的蛋糕模具，铺上油纸，将搅拌好的面糊过筛倒入模具中。

7. 轻轻震几下模具，排出面糊中的气泡。

烘焙温度和时间：

烤箱提前预热至220℃，烤25～30分钟。

烹饪窍门和技巧：

1. Kiri奶油奶酪软化程度要适中，过硬不易搅拌均匀，过软会影响成品口感。

2. 德青源鸡蛋液要分次加入，避免一次性加入导致水油分离。

3. 烤好的蛋糕放凉后，冷藏一夜再食用，口感更佳。

6.3.7 美食点评

美食点评功能主要用于为用户提供美食相关评价。当用户输入“我觉得这家店的菜品很全面，味道和品相也一级棒”或者“这家餐厅的环境不错，服务态度很好”时，系统会根据用户输入的文本，提取出其中的美食相关信息，并根据一定的算法对餐厅进行评价，若需要写美食评价文案，也可以对豆包输入需求，豆包可以自动生成点评文案。

用户：我是一名美食家，请帮我写一则关于鲁菜馆的美食点评，内容需全面且专业。

豆包：

鲁菜馆美食盛宴：舌尖上的齐鲁之味

鲁菜，作为中华饮食文化的璀璨明珠，承载着千年的历史与传承。近日，我有幸在一家鲁菜馆大快朵颐，体验了一场无与伦比的美食之旅。

踏入菜馆，古色古香的氛围扑面而来。木质的雕花屏风、典雅的中式桌椅，以及墙壁上的传统字画，营造出一种浓郁的文化氛围，仿佛将食客带回了古老的齐鲁大地，为用餐增添了几分仪式感。

菜品上桌，葱烧海参率先惊艳了味蕾。优质刺参肉质紧实、滑嫩弹牙，每一口都彰显着新鲜。大葱经过巧妙处理，油炸后的葱香浓郁醇厚，与海参相互交融。葱烧汁是这道菜的灵魂所在，红亮浓稠，咸鲜中带着微微的甜，恰到好处地提升了海参的鲜美，却又不会喧宾夺主。厨师对火候的掌控堪称一绝，海参烧至入味，却依旧保持了嫩滑的口感，这道经典鲁菜展现出了鲁菜烹饪技艺的精湛。

九转大肠则是一场味觉的狂欢。大肠处理得极为干净，毫无异味。呈现在眼前的是枣红色的诱人色泽，表面泛着光泽。入口先是外皮的焦香酥脆，随后是大肠内部的软糯嫩滑，口感层次丰富得如同乐章。酸甜咸鲜的味道完美平衡，甜味来自精准的糖色，酸味清新，咸味打底，三种味道交织成独特的风味。每一段大肠精心卷制，尽显厨师的刀工与匠心。

糖醋鲤鱼宛如一件精美的艺术品。鲤鱼被炸至鱼身弓起、头昂尾翘，鳞片竖起，造型栩栩如生。外皮金黄酥脆，用筷子夹起能听到清脆的“嘎吱”声，而鱼肉却鲜嫩多汁。糖醋汁酸甜比例堪称绝妙，甜味醇厚、酸味清爽，二者与鱼肉和鱼皮配合得相得益彰。这道菜不仅味道让人陶醉，视觉上也给人以极大的享受，充分体现了鲁菜造型与口味并重的特点。

油焖大虾同样表现出色。肥美的大虾外壳红亮，虾肉紧实饱满、Q弹鲜嫩，虾的鲜味在舌尖上蔓延开来。油焖的做法使大虾充分吸收了调料的香味，咸香中带着一丝清甜，这种甜与虾本身的鲜甜相互呼应，让虾肉的鲜美更上一层楼。大虾处理精细，去除虾线，体现了对品质的严格要求。

四喜丸子则是团圆与美味的象征。圆润饱满的丸子色泽棕红，表面光滑。猪肉肥瘦比例恰当，入口即化，内部松软多汁，肉香四溢。浓稠的汤汁淋在丸子上，吸收了肉香和调料味，用来拌饭更是一绝，每一口都充满了幸福的味道。

菜馆的服务也为用餐体验加分不少。服务员热情周到，点菜时详细介绍菜品，上菜速度快且能保证菜品温度。在用餐过程中，能及时满足顾客需求，让人感觉宾至如归。

这家鲁菜馆无疑是鲁菜的杰出代表，它以精美的菜品、浓厚的文化氛围和优质的服务，让食客领略到鲁菜的博大精深，是美食爱好者不可错过的好去处。

6.4　定制旅游攻略：开启专属的梦幻之旅

定制旅游攻略是豆包为用户提供的个性化旅游服务。

首先，用户需要提供一些关于旅游需求的信息，如旅游目的、时间、预算、偏好等。这些信息将用于制订一份符合用户需求的旅游计划。

然后，豆包将根据这些信息来制订旅游计划，包括酒店预订、机票购买、景点游览、餐饮安排、交通内容。

6.4.1　旅游规划

旅游规划是指针对旅游目的地或旅游景区所做的详细规划，包括对旅游资源的分析、旅游路线的制定和旅游服务的安排。

用户：请帮我制定一个马德里5天游的攻略，预算3万左右。

豆包：

以下是一份马德里5天游的攻略，预算3万元左右。

第一天：抵达马德里与游览市区

上午：从国内乘坐飞机抵达马德里巴拉哈斯国际机场。抵达后，乘坐地铁或出租车前往酒店办理入住手续并稍作休息。建议选择位于市中心的酒店，出行方便。若时间充裕，可以在酒店附近的咖啡馆或餐厅品尝一杯咖啡，感受马德里的悠闲氛围，同时适应一下时差。

下午：前往太阳门广场，这里是马德里的中心，也是西班牙公路网的中心点。可以参观广场上的旧邮政大厦、零公里标志牌、卡洛斯三世雕像、“熊与草莓树”雕像等。在广场周边的商店逛逛，购买一些纪念品或品尝当地的小吃，比如吉事果搭配巧克力。

晚上：在太阳门广场附近的餐厅享用晚餐，推荐品尝马德里炖菜，这是当地的特色美食，在寒冷的天气里能带来温暖。饭后可以在附近的街道散步，欣赏马德里的夜景，感受这座城市的独特魅力。

第二天：艺术之旅

上午：参观普拉多博物馆，这是世界上最伟大的博物馆之一，收藏了大量西班牙和欧洲其他国家的艺术珍品。建议提前在网上预订门票，以避免排队等待。在博物馆内可以欣赏到戈雅、委拉斯凯兹等大师的作品。参观完博物馆后，可以在附近的公园或广场休息片刻，享受阳光和宁静的氛围。

下午：前往索菲亚王后艺术中心，这里收藏了许多现代和当代艺术作品，包括毕加索的《格尔尼卡》等著名画作。之后前往丽池公园，这是马德里最大的公园之一，有美丽的花园、湖泊和喷泉，可以在这里散步、划船或享受悠闲的时光。

晚上：在丽池公园附近的餐厅享用晚餐，品尝西班牙的海鲜饭或其他特色菜肴。饭后可以前往马德里的剧院或音乐厅，欣赏一场精彩的演出，感受马德里的文化艺术氛围。

……

第五天：返程

上午在酒店享用早餐后，办理退房手续。然后可以在酒店附近的商店购买一些零食或饮料，以备路上食用。最后前往马德里巴拉哈斯国际机场，乘坐飞机返回国内，结束愉快的马德里之旅。

费用预算：

交通费用：往返机票10000～15000元，取决于出发地和预订时间；在马德里市内，地铁、公交等公共交通费用相对较低，预计5天的交通费用在200元左右；如果乘坐出租车，费用会相对较高，预计5天的出租车费用在500元左右。

住宿费用：马德里有各种档次的酒店和民宿可供选择，市中心的三星级酒店每晚的价格在800～1200元，四星级酒店每晚的价格在1200～2000元，五星级酒店每晚的价格大约在2000元以上。按照每晚1500元的住宿标准计算，5天的住宿费用为7500元。

餐饮费用：马德里的餐饮费用相对较高，一顿普通的餐厅午餐或晚餐在150～300元，早餐在50～100元。按照每天500元的餐饮标准计算，5天的餐饮费用为2500元。

门票和娱乐费用：普拉多博物馆、马德里王宫、索菲亚王后艺术中心等景点的门票价格在100～200元，其他景点的门票价格相对较低。按照每天500元的门票和娱乐费用计算，5天的费用为2500元。

购物费用：根据个人的购物需求和预算而定，预计购物费用在2000～5000元。

以上费用预算仅供参考，实际费用可能会因个人的消费习惯和需求而有所不同。在旅行前，建议提前预订机票、酒店和景点门票，以获得更好的价格和体验。同时，注意保管好个人财物，确保旅行的安全和顺利。

6.4.2 目的地推荐

豆包可以对不同旅游目的地进行分析和评估，以确定哪些地方适合拥有特定旅游需求和兴趣的用户。

用户：目前我在永州，有一周的时间，预算6000元，你推荐我去云南的香格里拉、还是去青岛旅游?

豆包：

如果你有一周时间且预算6000元，从永州出发，香格里拉和青岛都是不错的选择，以下是具体分析。

1. 香格里拉

优势

自然风光绝美：11月的香格里拉天气晴朗，能看到雪山、草甸、湖泊等多种景观。普达措国家公园的秋景宛如油画，高山草甸金黄，湖泊静谧，属都湖、弥里塘、碧塔海各有特色；纳帕海在秋冬季节变成湿地草原，远山、白雪、湖泊构成绝美的画面；虎跳峡的江水在秋冬季相对温和，更适合靠近拍照和徒步；还有白水台的钙化池梯田如梦幻仙境，石卡雪山也能让你欣赏到壮丽的雪山风光。

文化底蕴深厚：这里是藏族聚居区，有云南省规模最大的藏传佛教寺院松赞林寺，其建筑宏伟壮观，宗教氛围浓厚；独克宗古城有着独特的藏族风情，能让你深入体验藏族文化；巴拉格宗、无底湖等景点也充满了神秘的色彩，让你感受不一样的风情。

劣势

交通不便：从永州到香格里拉没有直达的交通方式。如果选择飞机，需要先到昆明等城市中转，机票价格较高；如果选择火车或长途汽车，路途遥远，耗时较长。

高反问题：香格里拉海拔较高，可能会出现高原反应，需要提前做好预防措施，并且需要一定的时间来适应。

气候寒冷：11月的香格里拉平均温度是-5℃～10℃，需要携带足够的保暖衣物。

费用预算：交通费用方面，往返机票加中转可能需要2000～3000元；住宿方面，普通酒店每晚200～300元，一周的住宿费用在1500元左右；餐饮费用相对较低，当地的特色美食如酥油茶、青稞饼、牦牛肉等，每天的餐饮花费在100～200元，一周约1000元；再加上景点门票和一些其他费用，6000元的预算基本可以满足。

2. 青岛

优势

气候适宜：11月的青岛平均温度是7℃～13℃，虽然气温较低，但相比香格里拉要温暖一些，体感较为舒适。

交通便利：从永州到青岛可以选择飞机、高铁等交通工具，相对方便快捷。

景点丰富：有欧式建筑风格的八大关、历史悠久的栈桥、美丽的海滨浴场（如第一海水浴场、石老人海水浴场等）、可以体验海上娱乐项目的奥帆中心等，还能参观各种博物馆，了解青岛的历史文化。

美食多样：青岛有各种海鲜美食，如螃蟹、虾、贝类等，还有青岛啤酒、脂渣等特色小吃，可以满足你的味蕾。

劣势

旅游旺季人多：青岛是著名的旅游城市，在旅游旺季可能会遇到游客较多的情况，影响游玩体验。

缺乏独特的民族文化体验：与香格里拉相比，青岛的文化特色主要是海洋文化和近代历史文化，对于想要体验浓厚民族文化的游客，可能会觉得不够满足。

费用预算：交通费用方面，如果选择飞机往返，需要1500～2000元；住宿方面，市区的酒店每晚300～500元，一周的住宿费用在2000～3000元；餐饮费用相对较高，每天的餐饮花费在200～300元，一周需要1500～2000元；景点门票和其他费用相对较少，6000元的预算也可以满足，但相对来说可能会比较紧凑。

综上所述，如果你喜欢壮丽的自然风光和独特的民族文化，愿意接受高海拔和长途旅行的挑战，那么香格里拉是一个不错的选择；如果你喜欢海滨城市的风光和历史文化，想要享受较为舒适的气候和便利的交通，那么青岛更适合你。

6.4.3 徒步路线规划

豆包可以根据用户提供的需求，或者用户提供的高度、距离等参数，帮助用户规划合适的徒步路线。

用户：请推荐5条衡山重装徒步路线，并以表格的形式呈现，表格中包括徒步路线、徒步距离、爬升高度。

豆包：表6-1展示了5条衡山重装徒步路线。

表6-1

路线	徒步距离	爬升高度
胜利坊—祝融峰	约14千米	约1200米
康家垅入口售票处—祝融峰	约12千米	约1100米
梵音谷—祝融峰	约8千米	约900米
曾国藩古道—祝融峰	约10千米	约800米
中山沟农家土菜馆—祝融峰	约12千米	约1000米

6.4.4 旅游住宿推荐

豆包的旅游住宿推荐功能主要针对用户的旅游目的地，为用户推荐各种类型的住宿，包括酒店、客栈、民宿等。

在用户向豆包咨询旅行住宿的相关问题时，豆包可以根据用户提供的目的地、预算、入住时间等关键信息，筛选适合的住宿。豆包还会根据用户的需求，提供住宿周边的设施、服务等方面的相关信息，助力用户更好地选择适合自己的住宿。

用户：我计划去沈阳玩五天四晚，住哪里比较方便?

豆包：

在沈阳玩五天四晚，以下是一些住宿区域推荐。

1. 中街附近

优势：中街是沈阳最著名的商业步行街之一，热闹繁华，美食云集，有众多商场、特色小吃店和餐馆，可以品尝到老边饺子、马家烧麦等各种沈阳特色美食。附近还有沈阳故宫、大帅府等著名历史文化景点，步行即可到达，游玩非常方便。同时，这里的交通也十分便利，地铁、公交等公共交通线路密集，便于前往城市的其他区域。

推荐酒店：有一些经济型的快捷酒店，也有中高端的品牌酒店可供选择。例如汉庭、7天等快捷酒店性价比高；如果追求品质，也可以选择亚朵等酒店。

2. 沈阳北站附近

优势：沈阳北站是沈阳的重要交通枢纽，这里的交通极为便利，有地铁、公交、出租车等多种交通方式，方便前往沈阳的各个景点及周边城市。附近有许多商业设施和餐饮店，能够满足日常的生活需求。

推荐酒店：全季酒店（沈阳北站南广场店）、丽怡酒店（沈阳北站惠工广场店）等都是不错的选择，这些酒店的设施和服务都比较好，出行也方便。

3. 青年大街站附近

优势：青年大街地铁站是沈阳两条地铁线的中转枢纽站，乘坐地铁1号线可到沈阳站、太原街、中街等，2号线可到北陵、奥体、万象城、展览馆、机场等，交通便利性非常高。附近有很多美食，网红店众多，各种美食应有尽有。此外，这里距离沈阳一些热门的夜市也比较近，夜晚可以体验沈阳的夜生活。

推荐住宿：如果预算充足，可以选择康莱德酒店；如果预算有限，也有一些青年旅舍可供选择。

4. 太原街附近

优势：太原街是沈阳的另一个重要商业街区，有很多商场、餐厅和娱乐场所，热闹非凡。这里距离沈阳站较近，交通便利，出行方便。同时，从太原街前往中山广场、西塔等景点也比较便捷。

推荐酒店：有各种档次的酒店和民宿，如维也纳酒店等，能够满足不同预算的游客需求。

5. 奥体中心附近

优势：这里毗邻青年大街和五爱隧道，到老城区非常方便。附近有南提中路等餐饮酒吧街，有很多热门的烧烤店和串店，能够品尝到地道的沈阳美食。如果您在旅游期间想要体验沈阳的夜生活，这里是个不错的选择。

推荐酒店：有希尔顿、欢朋等四星级酒店，也有一些快捷酒店，住宿选择比较多样。

6.4.5 景点典故大百科

景点典故大百科功能主要针对用户提出的有关旅游景点及其相关典故的问题

进行解答。

用户：作为一名资深导游，请为我介绍大兴安岭背后的故事。

豆包：

大兴安岭背后有许多精彩的故事。

1. 鲜卑族的龙兴之地：大兴安岭在古代被称为大鲜卑山，是拓跋鲜卑入主中原建立北魏王朝的龙兴之地。拓跋鲜卑是居住在东北地区的一个鲜卑族部落，后来不断南迁发展，逐渐强大并建立了北魏政权，在中国历史上留下了浓墨重彩的一笔。这也让大兴安岭成为见证古代少数民族崛起与发展的重要地区，承载着丰富的历史文化内涵。

2. 古人类活动的重要场所：人们在2014年的考古发现证明，大兴安岭呼中区碧水镇的北山洞在8000多年前就有古人类活动。这里出土了隶属于8个文化层的两千余件珍贵文物，包括铁镞、铁耳环、墨玉管饰、玛瑙料珠、古玻璃饰品、陶片、骨锥等精致器物，以及石刃、石叶等磨制石器。人们在2016年的考古发掘更是进一步将这里的文化遗存划分为4个时期，其中第四期属于旧石器时代晚期文化遗存，年代鉴定为距今3万年以上。这些考古发现证明了大兴安岭是早期人类繁衍栖息之地，是孕育黑龙江乃至中国远古文明的摇篮。

3. 黄金之路的起源：清朝年间，大兴安岭的黄金年产量最高达10万两。为了掘金，人们开设的驿站沿黑龙江上游左岸向西延伸到额尔古纳河畔，铺就了北方的黄金之路。这不仅反映了当时大兴安岭地区丰富的黄金资源，也见证了人们为了追求财富而进行的艰苦探索和努力，黄金之路的形成对当地的经济发展和人口流动产生了重要影响。

4. 生态资源的宝库：大兴安岭拥有广袤的森林、丰富的水系和多样的生物资源，是中国重要的生态屏障和生物多样性宝库。这里的森林以不到3%的国土面积，肩负着中国1/3的碳汇重任，对于维护国家的生态安全具有极其重要的意义。同时，大兴安岭还是众多珍稀动植物的家园，如“林海之船”驯鹿、驼鹿、雪兔、紫貂、花尾榛鸡（又叫飞龙）等400余种奇珍异兽，以及约1800种稀有的野生植物在此繁衍生息。

5. 大兴安岭火灾：1987年5月，发生了震惊中外的大兴安岭特大火灾，这场火灾持续了27个日夜，给当地的生态环境和人民生活带来了巨大的灾难。在这场灾难中，发生了许多令人触目惊心的故事，也暴露了一些管理和应对方面的问题。但这场火灾也让人们更加重视森林资源的保护和防火工作，促使相关部门加强了对森林火灾的预防和扑救能力建设。

6.4.6 撰写旅游文案

当我们去到一个旅游景点，用相机记录下激动人心的时刻，用文字记录此时此刻的心情时，在朋友圈发布照片和文字必不可少，若不知道怎么写文案，可以向豆包寻求帮助。无论想要什么风格的文案，只需发出需求指令，豆包就可以快速生成一篇旅游文案。

用户：我刚到岳阳楼，拍了几张照片，打算发朋友圈，请帮我写一小段微信朋友圈文案。

豆包：

今日，我终于来到了岳阳楼。

站在它面前，仿佛能听见历史的低语。眼前这座古朴而庄重的建筑，承载着千年的风雨，每一寸木质结构都诉说着岁月的沧桑。它就像一位睿智的老者，静静地守望着洞庭湖，见证了无数日出日落，看过了世间的悲欢离合。

“先天下之忧而忧，后天下之乐而乐。”范仲淹的名句在心中回响，让这楼阁不只是一座建筑，更是一种精神的象征。每一层的飞檐都像是展翅欲飞的鹏鸟，带着古人的理想与情怀。我用相机定格下这震撼心灵的画面，希望这些照片能将岳阳楼之美、之韵分享给你们。

用户：我想把以上文案转化成小红书文案。

豆包：

宝子们！我终于来到了心心念念的岳阳楼啦！

站在这儿，就像开启了一场穿越千年的对话。这座古朴庄重的岳阳楼，宛如一位沧桑的智者，承载着岁月的痕迹，每一块木头都在诉说着过去的故事呢。

它静静地矗立在洞庭湖旁，就像忠实的守护者，目睹了无数次日出日落，见证了人间的悲欢离合。“先天下之忧而忧，后天下之乐而乐。”范仲淹的这句名言一直在我脑海里回荡。这岳阳楼啊，可不仅仅是一座建筑，它更是一种伟大精神的象征！

你们看它那一层层飞檐，就像展翅欲飞的鹏鸟，带着古人的理想与情怀直冲云霄。我用相机记录下了这些震撼心灵的瞬间，真的好想把岳阳楼的美和韵味分享给大家！

#岳阳楼#历史古迹#旅行打卡

第 7 章

豆包 AI 插件：一键搞定信息总结

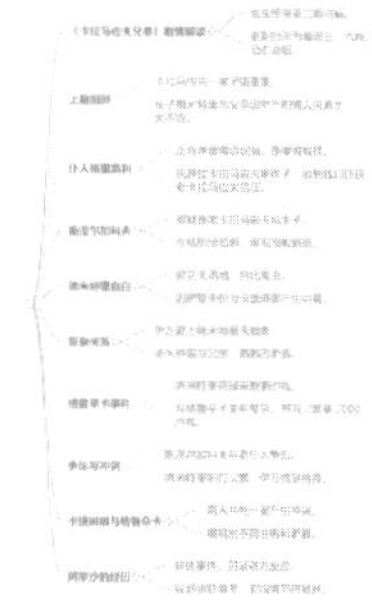

豆包是字节跳动开发的一款基于云雀大语言模型的AI工具，主要通过浏览器插件的形式提供服务。随着AI技术的不断发展，豆包插件在更多场景中发挥着作用，它通过嵌入数字人悬浮窗口，提供智能问答、划词翻译和解释、论文阅读辅助等功能，旨在帮助用户提高工作效率和理解能力，适应现代工作和学习的需要。

7.1　插件的奥妙：开启独特的功能宝箱

人们在浏览网页、使用各种软件时，经常会碰到各种各样的插件，插件不仅给操作软件带来了便捷，还使得软件更加智能。

7.1.1　插件是什么

插件是一种软件组件，它可以被添加到现有的主软件程序中，以扩展或增强该软件的功能。

人们在使用软件的时候，不管是图形设计软件、办公软件、视频编辑软件还是浏览器软件，都会有相对应的插件。

若说豆包是一个智能大脑，那么插件就是豆包的耳、目、手。插件将豆包的能力与外部应用相连接，既能丰富模型的能力和应用场景，又能利用大模型的生成能力完成此前无法单独完成的任务。

7.1.2　豆包插件的主要功能

软件的插件多种多样，豆包的插件是以浏览器插件的形式提供服务的，以下是豆包插件的主要功能。

（1）智能问答：用户可以在浏览器中的任意页面上与豆包进行对话，豆包能够理解并回答用户的问题，提供相关的信息和建议。

（2）内容总结：能总结网页、视频、音频内容的要点。

（3）划词翻译和解释：用户在浏览网页时，可以选中不认识的单词或者短语，豆包提供了翻译和解释功能，帮助用户了解内容。

（4）AI搜索：增强搜索体验，对搜索结果进行总结，提升效率。

（5）多浏览器支持：兼容Chrome、Edge、Safari等。

（6）论文阅读辅助：豆包插件支持英文论文的翻译和内容总结，帮助用户更好地理解学术论文。

7.2　豆包的AI浏览器插件：带来别样的交互体验

随着AI技术的发展，插件成了AI中必不可少的工具，它可以给用户带来许多不一样的体验，比如总结与阅读文档、生成思维导图。为了快捷、高效地工作和学习，可以在电脑里安装多个插件。但是现在因为豆包的出现，减少了多个插件的下载和安装，豆包通过在PC浏览器中嵌入数字人悬浮窗口，使用户可以在任意页面上与豆包进行交互，下面一起来探秘豆包AI浏览器插件的神奇之处，它会带来哪些别样的交互体验?

7.2.1 视频总结与字幕：豆包＋bilibili

人们在bilibili浏览视频的时候，特别是在浏览技术类或科学类视频的时候，这类视频的时长通常会在10分钟以上，豆包的插件能够很好地总结视频的内容，并且生成思维导图，做到这些只需数秒。

下面是具体案例。

（1）首先，进入豆包，单击上面的“＋”按钮，如图7-1所示，显示豆包的搜索框，输入bilibili，单击搜索按钮，如图7-2所示。

（2）进入bilibili主页，登录自己的bilibli账号，可以看到豆包的数字人悬浮窗口，如图7-3所示，就说明已经登录成功，能够正常使用了。

（3）选择一条长视频进行观看，然后单击视频右侧的“总结视频”按钮，如图7-4所示。数秒之后，豆包便将视频的内容总结好了，如图7-5所示。

图 7-1

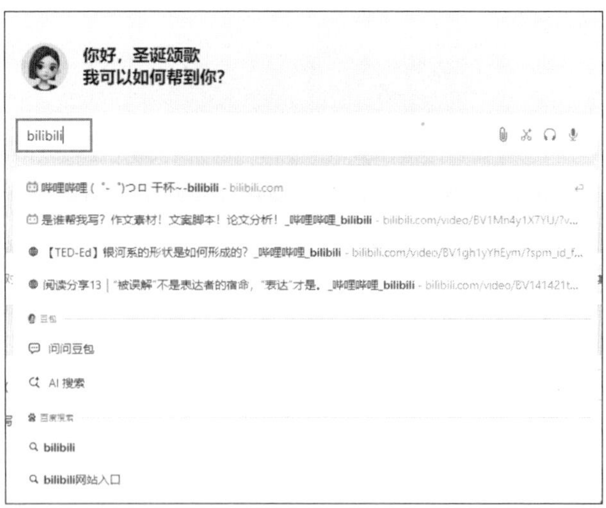

图 7-2

bilibili.com/
总结全文
问问豆包
首页 番剧 直播 游戏中心 会员购 漫画 赛事 下载客户端
愛して愛して愛して 爱我
动态 热门
番剧 国创 综艺 动画 鬼畜 舞蹈 娱乐 科技数码 美食
电影 电视剧 纪录片 游戏 音乐 影视 知识 资讯 更多
专栏 活动 社区中心
直播 课堂 新歌热榜
空中浩劫 MAYDAY AIR DISASTER 第三季
飞行员为报复上级，故意将飞机坠毁?
无人机实名登记后千万记住这两点，别给自己挖坑
免哥不炸机 · 9-13
30个豆包seedream4.0指令，指哪儿打哪儿!
一枚卓子 · 9-12
即梦4.0做人物一致性动画太强了，附教程
喵同学AIGC · 9-9
测试大疆无人机，mini3pro禁飞区起飞，能不能成功
埋查和小灰 · 9-9

图 7-3

首页 番剧 直播 游戏中心 会员购 漫画 赛事
战争与和平
《卡拉马佐夫兄弟》解读：探索人类灵魂的全部深度
豆包
总结视频
弹幕列表
视频选集 (1/13)
自动连播
《卡拉马佐夫兄弟》：探索人类灵 15:39
《卡拉马佐夫兄弟》解读第二期 15:35
《卡拉马佐夫兄弟》解读第三期 15:05
《卡拉马佐夫兄弟》解读第四期 11:22
《卡拉马佐夫兄弟》解读第五期 13:29
《卡拉马佐夫兄弟》解读第六期 13:20
《卡拉马佐夫兄弟》解读第七期 13:14
《卡拉马佐夫兄弟》解读第八期 12:05
1 人正在看，已装填 91 条弹幕
发个友善的弹幕见证当下
弹幕礼仪 >
发送
2483 2127 2811 464

图 7-4

（4）如果想生成脑图（即思维导图），单击“总结”右边的 图标，豆包即可生成一张思路清晰的思维导图，如图7-6、图7-7所示。

（5）导出脑图。单击下边的下载图标，选择“下载图片”选项，如图7-8所示，这样就可以导出脑图了，如图7-9所示。

豆包插件的视频总结功能是一个非常实用且高效的功能，它有极强的将视频总结成文本的处理能力，可以帮助处理学习中的用户快速总结视频摘要，并且还能够在观看视频的同时记笔记，即使该视频没有字幕，它也能够根据视频的演讲者生成相应的字幕，外语视频也是如此，如图7-10所示。

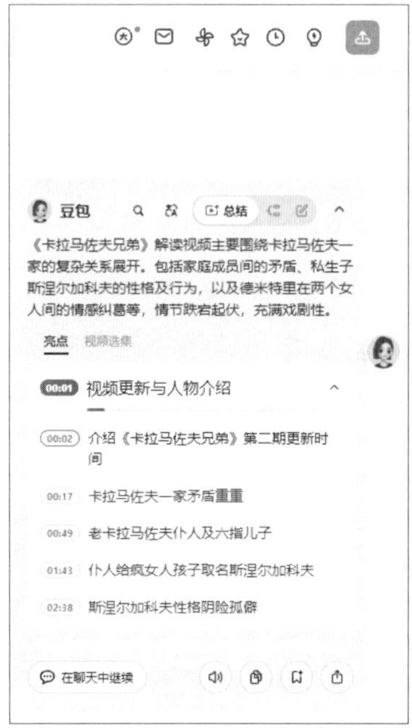

图 7-5

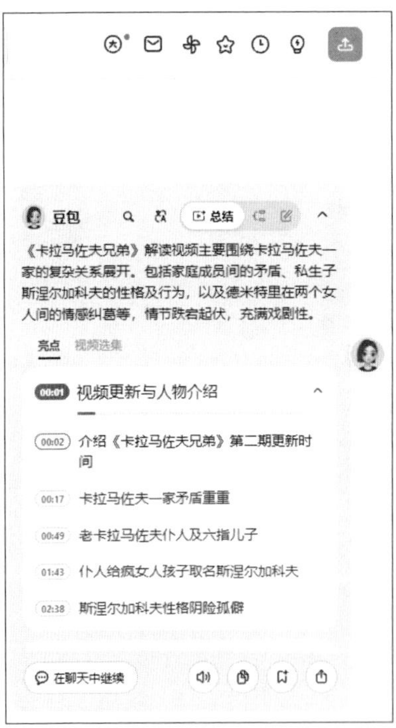

图 7-6

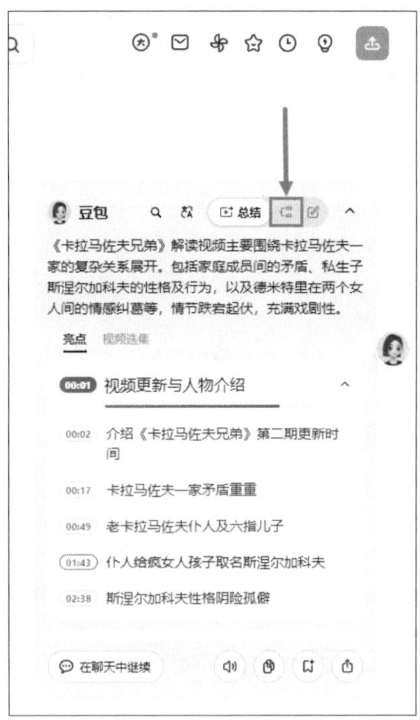

图 7-7

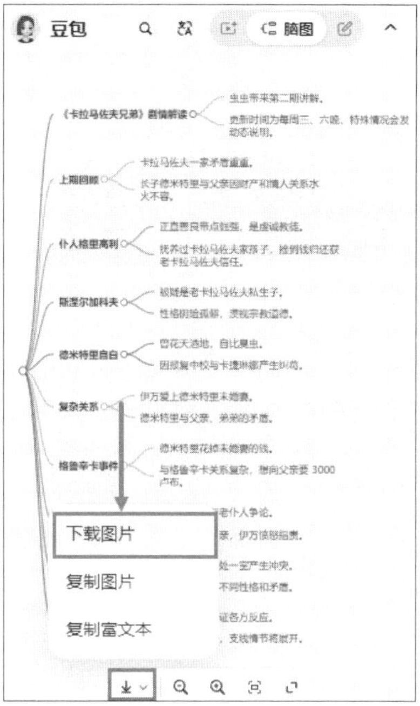

图 7-8

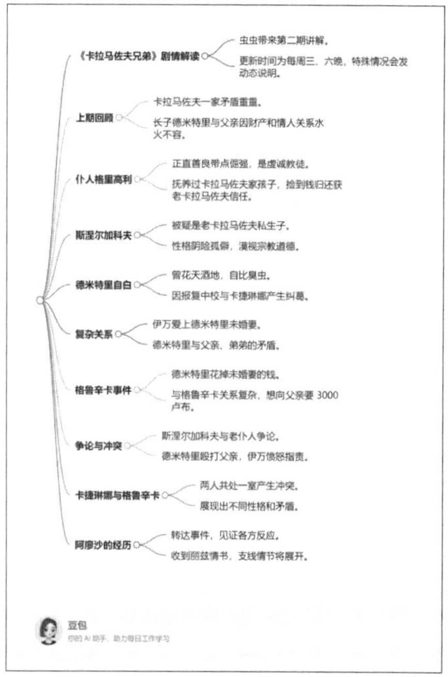

图 7-9

图 7-10

7.2.2　划词翻译和解释：豆包 + 英语文献学习

豆包插件的划词和翻译功能能够在人们阅读全英文文献时提供帮助。如果遇到不认识的生词或者短语，人们可以启用豆包的划词功能进行翻译，若需要深入研习，可以询问豆包关于文章的问题。

下面是具体示范。

（1）先找到一篇全英文文献，然后单击右边的豆包数字人悬浮窗口，如图7-11所示。

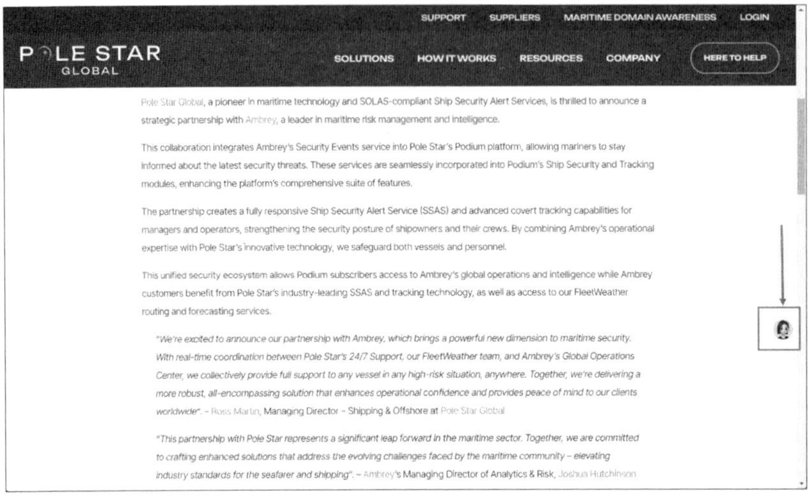

图 7-11

（2）这时页面右侧会出现豆包对话框，如果需要豆包生成网页总结，可以单击“阅读全文，生成网页总结”按钮，10秒左右，便会生成全中文的文本总结，如图7-12所示。

图 7-12

（3）除此之外，用户还可以在文章中启用划词功能，进行单词查找和长难句翻译，如图7-13所示。

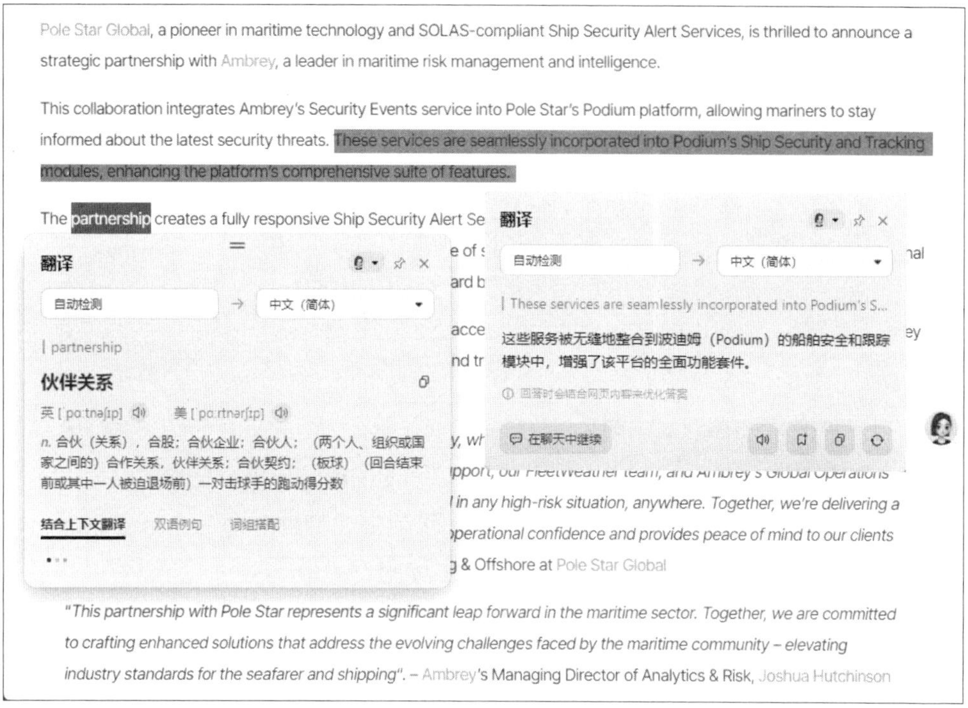

图 7-13

由此可以看出，豆包插件的划词翻译和解释在阅读外文文件方面十分方便，人们不用为了查询生词而去专门的单词软件查询，豆包能够一键搞定单词查询，这对于学习和科研人员阅读外文文献节省了许多时间，提高了阅读效率。

7.2.3　音频总结：豆包＋播客

视频、音频是如今网络媒体的两大主流载体，视频帮助人们消遣时间，音频抚慰着人们的心灵，音频也是获取有效信息的途径，在无字幕无图片的情况下，豆包对于音频信息的整理也很得心应手，只需几分钟，便能完成一段音频内容的总结。

（1）首先随便打开一个播客网页，进入播客主页，会看到“总结播客”4个字，豆包插件的数字人悬浮窗口在右侧，如图7-14所示。

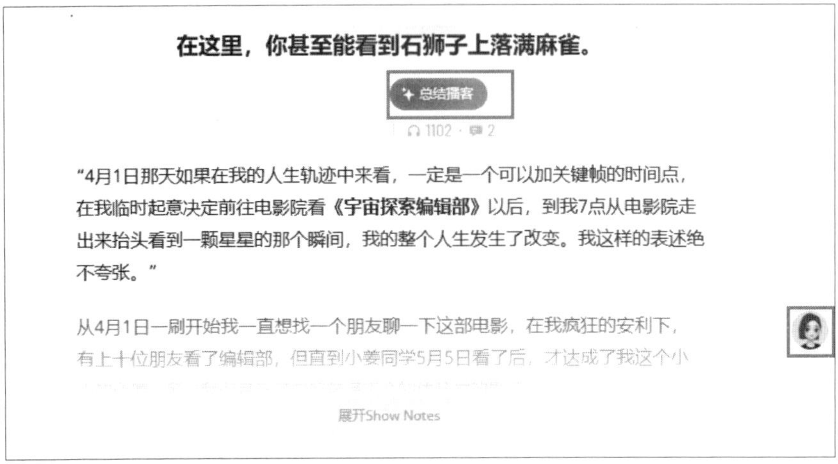

图 7-14

（2）单击“总结播客”按钮，下方会出现“正在为你生成AI总结，大概需要几分钟，请一会再来。”一行字，音频跟视频总结的生成时长不一样，不同音频的生成时长由音频时长决定。等待一分钟左右，就会生成带有时间轴的内容总结，如图7-15所示。与视频一样，还可以生成脑图，如图7-16所示。

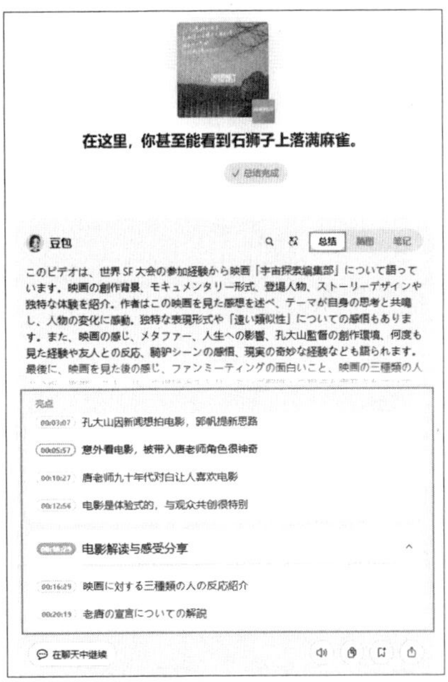

图 7-15

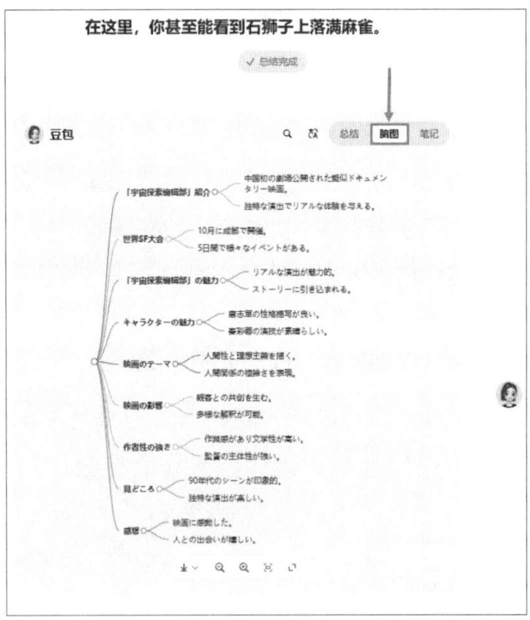

图 7-16

第 8 章

豆包 App：随时随地创意风暴

豆包App与豆包PC端几乎同时上线。豆包App针对移动设备进行了优化，为用户提供了更为便捷的创作体验。例如支持手指文本输入绘画，用户可以用手指在屏幕上输入文本指令进行绘画创作。而PC端则提供了更加强大的功能，如AI绘画作品的高级编辑功能、AI文案的批量生成功能、AI文献阅读与翻译等，满足用户更为复杂的需求。

8.1　如何下载和登录App

本节将讲述豆包App的下载和登录。

（1）直接在手机自带的应用商城搜索“豆包”，如图8-1所示，也可以单击网页版右上角的“下载手机应用”按钮，或者进行扫码下载，如图8-2所示。

（2）安装完成后，打开App并注册抖音账号。如果已有抖音账号，可以直接登录，如图8-3所示。

（3）登录后，可以发现App的主界面与PC端相比更为简洁，且更适合移动端，如图8-4所示，点击下方的输入框可以直接输入问题。

（4）PC端的历史对话和App的历史对话都可以直接在“对话”界面查找，如图8-5所示。

图 8-1

图 8-2

图 8-3

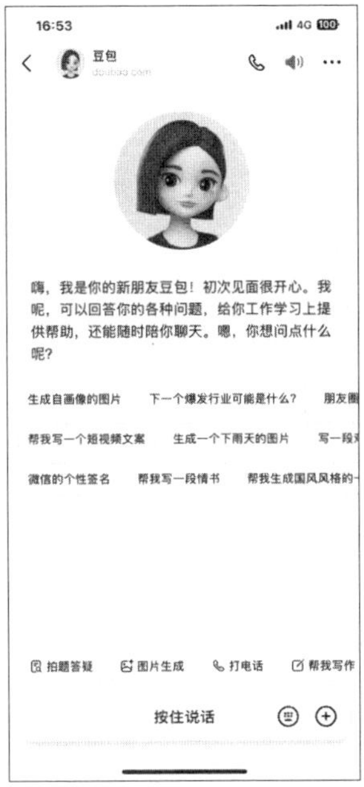

图 8-4

图 8-5

8.2　豆包智能体

豆包智能体是豆包App的重要组成部分，本节将重点讲解豆包智能体的创建和使用。

8.2.1　什么是智能体

智能体是一种基于豆包平台创建的可互动智能角色，它为用户提供了一个极具创新性的交互体验。在创建过程中，用户仅需进行一些简单的基础设定，就能打造出专属的AI智能体。这些智能体功能多样，可以在工作中协助处理任务、提高效率，在生活中提供陪伴和建议，在娱乐时增添趣味，全方位满足用户不同场景下的各种需求。

用户可以创建适合自己的文案助手，创建灵感伙伴，提升自己的工作效率；也可以创建经典的人物角色，让四大名著的人“活”起来，与用户畅谈古今；还可以缔造一个虚拟游戏世界，开启文字冒险之旅。

以下是常见的智能体类型。

（1）聊天陪伴型：可以很好地与用户谈天说地，无论是生活琐事、情感问题，还是与它分享有趣的经历、谈论兴趣爱好，它都会耐心地陪着你，如图8-6、图8-7所示。

图 8-6

图 8-7

（2）知识解答型：无论是科学知识（如物理、化学、生物等学科的原理和现象）、历史事件（各个国家和地区不同时期的重大历史故事）、文化传统（不同民族的独特文化习俗）、技术发展（最新的科技成果和技术趋势），还是其他领域的问题，它都可以为你详细解答。例如，“量子计算机的工作原理是什么？”“唐朝文化繁荣的原因有哪些？”如图8-8、图8-9所示。

（3）写作创造型：在写作方面，能够帮助用户创造多种类型的文本。比如生成故事（包括童话故事、科幻故事、悬疑故事等）、诗歌（古诗词、抒情诗、叙事诗）、散文、论文、演讲稿、文案（广告文案、朋友圈文案、小红书文案）、评论（书评、音乐评论、影评、美食评论等）、剧本等，它都能创作，如图8-10、图8-11所示。

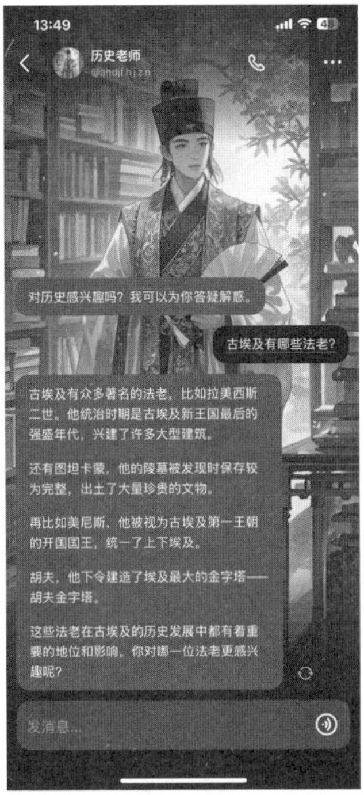

图 8-8

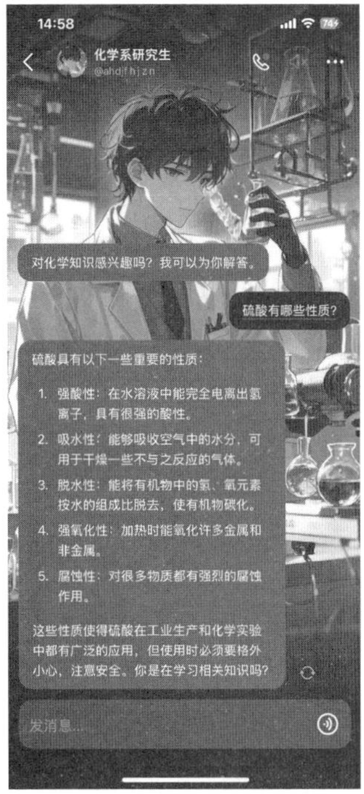

图 8-9

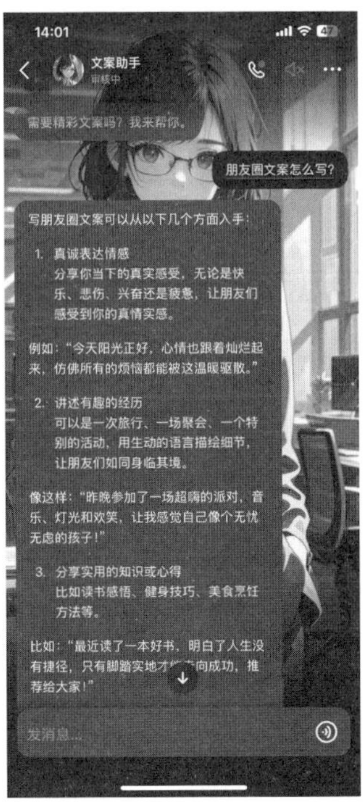

图 8-10

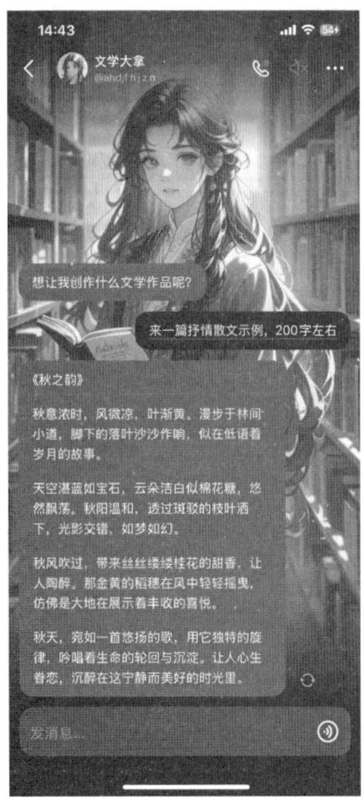

图 8-11

（4）角色扮演型：豆包的智能体可以扮演各种角色与用户互动，包括是历史人物（如秦始皇、诸葛亮）、影视角色（如哈利·波特、钢铁侠）、文学角色（如孙悟空、林黛玉），还是职业角色（医生、教师、警察）等，如图8-12、图8-13所示。

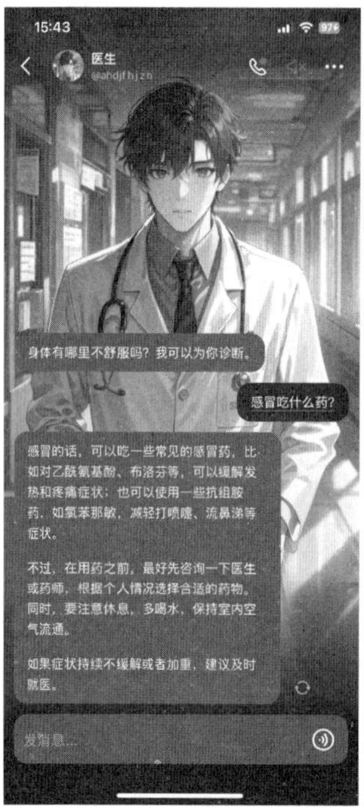

图 8-12

图 8-13

8.2.2 创建智能体

创建智能体分为以下几个步骤。

（1）先进入主页对话区，点击下面的“创建”按钮或者右上角的“⊞”号，点击“创建AI智能体”按钮，如图8-14所示。

（2）就可以进入“创建智能体”界面，如图8-15所示。

（3）点击“AI生成形象”，进入“智能体形象”界面。在这里可以自己选择参考图，或者自己用文本描述，交给AI润色，如图8-16所示。

例如，可以使用以下智能体描述词。

➢ 半身肖像，一个年轻女孩，她有一双大眼睛，长发如墨。她身着一袭白色连衣裙站在花园中，双手自然垂落，脸上露出甜美笑容。

- 一个年轻男子站在公园的小径上，他留着利落的短发，眼神深邃如墨。身着休闲装的他，神情悠然，仿佛在享受这片刻的宁静。
- 一位化学研究生身穿白大褂，静静地站在实验室里，眼神专注地凝视着实验器材。

图 8-14

图 8-15

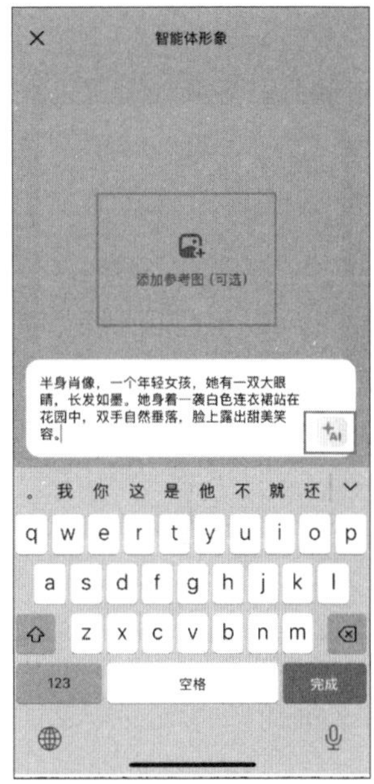

图 8-16

（4）然后选择自己喜欢的画风，之后点击“生成形象”按钮，如图8-17所示。等待几十秒左右，如图8-18所示。它会生成10张左右的图片供用户选择，如图8-19所示。

画风选择如下。

- 厚涂：色彩感厚重但丰富、立体感强、笔触明显。
- 写实：造型丰富、细节细腻、光影逼真、色彩写实。
- 动漫：画风多样、线条流畅、造型夸张。
- 工笔画：是中国传统图的一种，有着线条干练，色彩高雅、明快等特点。
- 卡通：颜色鲜明、治愈，比例夸张。
- 国风：线条简练、明快，笔触细腻。
- 油画：颜色多样，构图精美。
- 水彩：色彩治愈，适合多种风格的绘画。

图 8-17

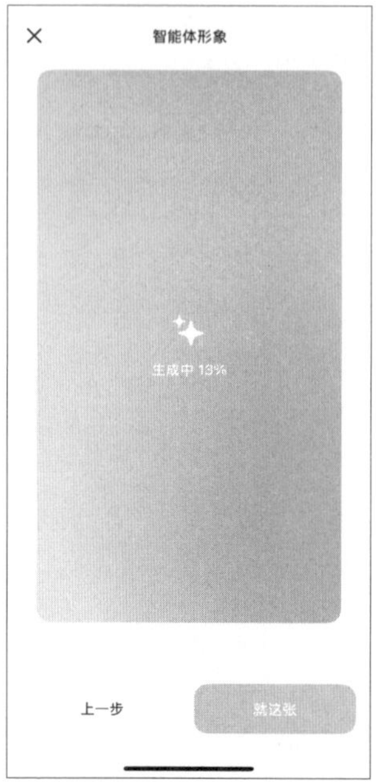

图 8-18

图 8-19

（5）选择完形象之后，点击“就这张”按钮，如图8-20所示，稍后便会跳转到头像和聊天背景确认界面，点击“确定”按钮，如图8-21所示。

图 8-20

图 8-21

（6）确定智能体形象以后，便会回到“创建AI智能体”界面，如图8-22所示。

注意：如果对生成的10张图片不满意，可以点击“上一步”按钮，对描述词做出修改之后，再点击“生成形象”按钮重新生成智能体形象，也可以在点击“就这张”按钮之后点击“更换形象”按钮。

（7）接下来完善名称和设定。用户可以自己命名，也可以借助AI一键完善，如图8-23所示。

图 8-22

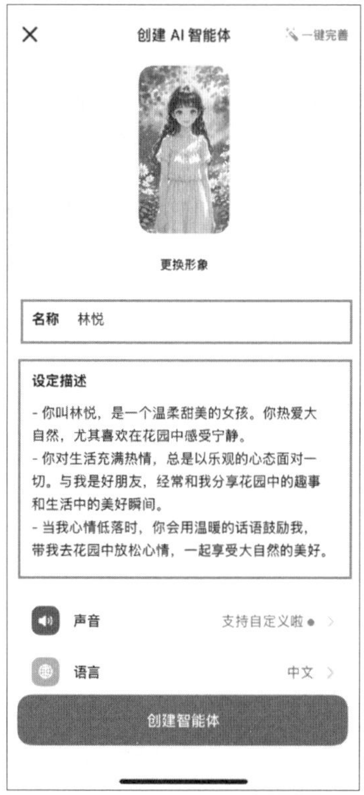

图 8-23

（8）然后点击“声音”按钮，选择自己喜欢的声音，然后点击“完成”按钮即可，如图8-24～图8-26所示。

注意：豆包智能体的声音包含男声、女声、角色扮演的声音及方言。如果在豆包的语音库没找到自己满意的声音，也可以点击“克隆我的声音”按钮，上传自己满意的声音。

（9）声音选择完成后，接下来选择语言。用户可以根据自己的需求来选择语言，目前豆包支持中文和英语，如图8-27、图8-28所示。

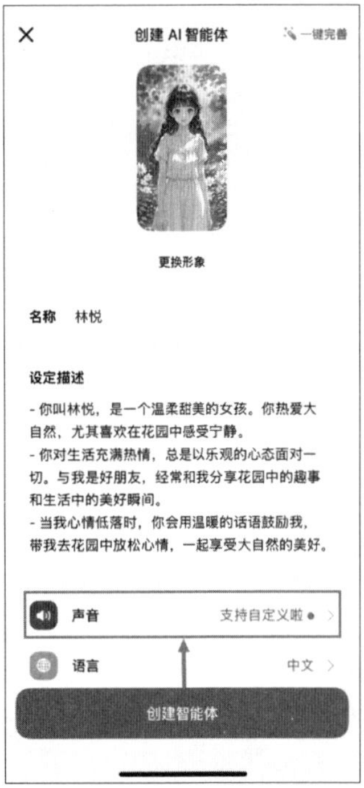

图 8-24

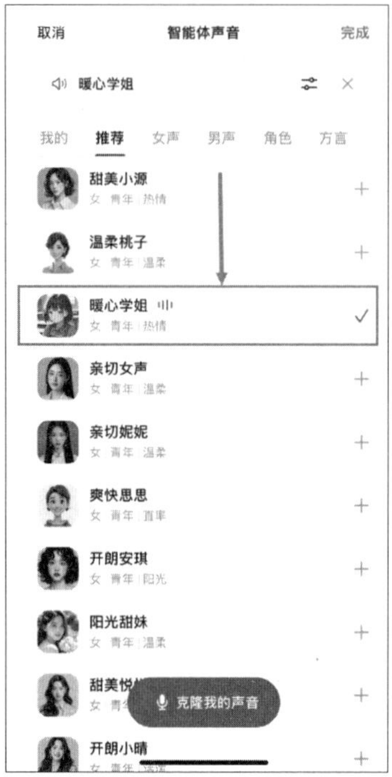

图 8-25

图 8-26

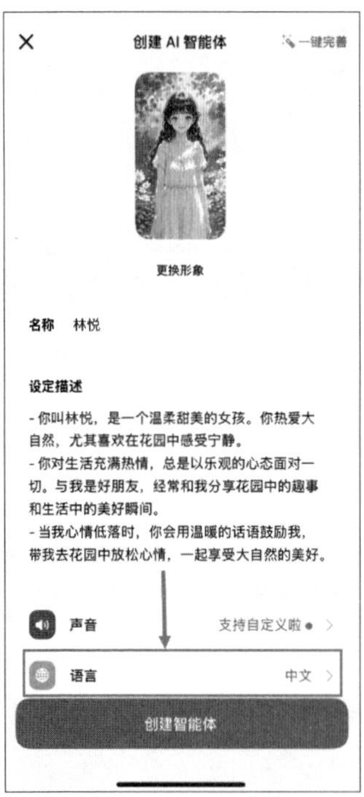

图 8-27

图 8-28

（10）接下来选择权限，如“公开 · 所有人可对话”“私密 · 仅自己可对话”和“不被发现 · 通过链接分享可对话”，如图8-29、图8-30所示。

图 8-29

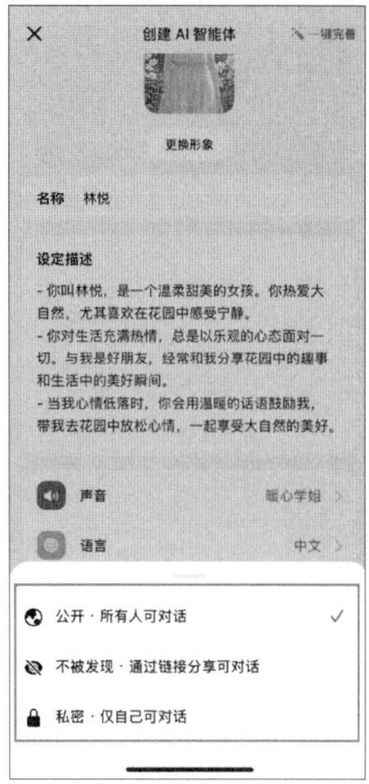

图 8-30

（11）然后点击“更多高级设定”按钮，设置智能体的介绍和开场白，之后点击“创建智能体”按钮，这样智能体就创建完成了，如图8-31～图8-33所示。

（12）在“对话”界面便可以看到创建的智能体，点击它，进入创建的智能体界面，这样就可以开始和智能体进行聊天对话了，如图8-34～图8-36所示。

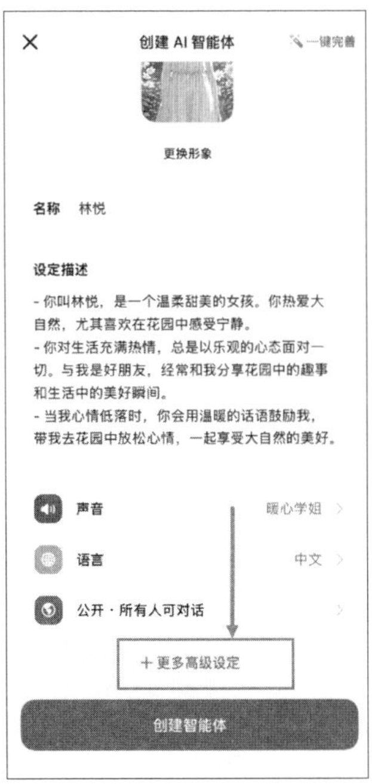

图 8-31

图 8-32

图 8-33

图 8-34

图 8-35

图 8-36

注意：不是每个智能体创建完后都会出现在主页，创建智能体之后需要审核，只有审核通过之后才会在智能体界面显示创建的用户名。

8.2.3 语音输入，让学习更高效

语音输入是豆包App的亮点之一，点击输入框右侧的麦克风按钮，按住“按住说话”按钮，对着手机说出想表达的内容，如图8-37所示，它就可以快速准确地识别出你的语音，并将其转化为文字，并对用户进行相应的回答，如图8-38所示。这一点对打字速度慢的用户非常友好，用户也可以根据创建的智能体进行相应的对话。

如果觉得语音输入意犹未尽，可以试试右上角的绿色电话框，与豆包进行聊天，豆包随时随地都能够与用户进行心灵上的沟通，如图8-39、图8-40所示。用户不仅可以和官方创建的智能体进行心灵的沟通与交流，还可以跟自己创建的智能体进行通话。

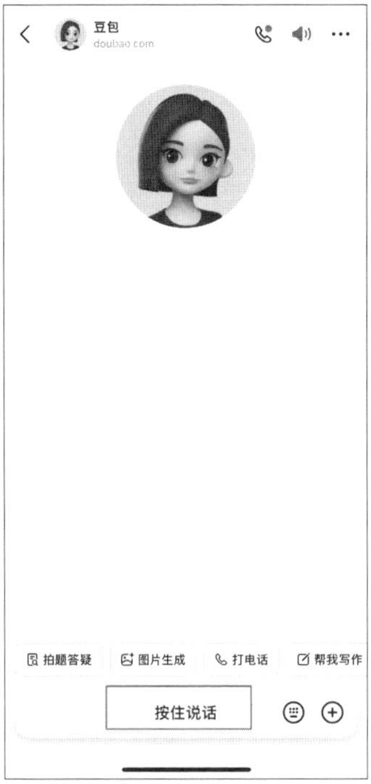

图 8-37

图 8-38

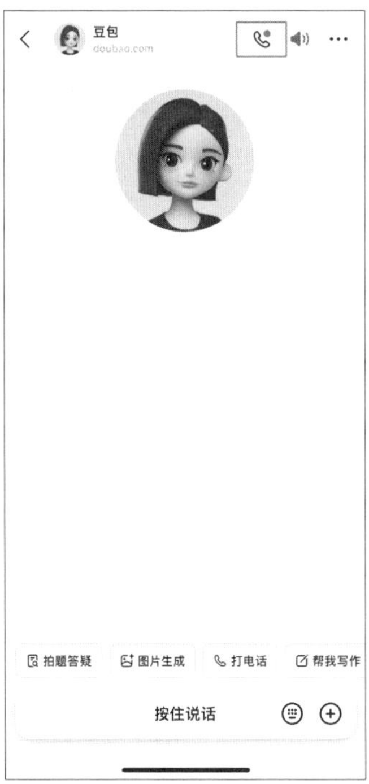

图 8-39

图 8-40

8.2.4 上传文件，一键快速总结

不论是PC端还是App，豆包阅读总结的速度都十分惊人，不论是上万字的文献，还是小说，在上传文件过程中解析的数秒，它就阅读完毕了，用户在这之后可以对它进行任何提问，它都能快速地做出回答，但能做到阅读文章的只有在官方创建的智能体里。

接下来看看具体案例。

（1）进入对话主页，找到“文档阅读”按钮，或者点击右下角的“⊕”按钮，进入手机文档所在界面，如图8-41、图8-42所示。

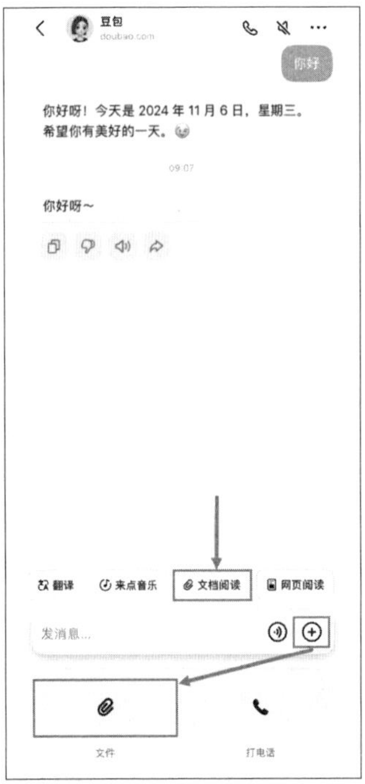

图 8-41

图 8-42

（2）上传文件。找到一篇需要豆包阅读的文档，从上传到解析数十秒之内便完成了（这里跟PC端AI阅读总结文章没有区别，就不做详细展示了）。

8.3 发现：各式模板琳琅满目

豆包App的“发现”提供了一系列功能和模板，旨在帮助用户更好地探索和使用豆包App。具体来说，“发现”模块包括以下几个方面。

（1）技能提升技巧：在这里，用户可以找到许多有关技能提升的技巧，包括写作、阅读、沟通等，从而更好地发掘自己的潜力。

（2）实用工具：豆包App提供了一些实用的工具，如语音输入、翻译、词典等，这些工具可以帮助用户更快地完成一些任务，提高工作效率。

（3）娱乐休闲：用户还可以在这里找到一些娱乐性的内容，如笑话、音乐、视频等，这些内容可以帮助用户放松身心，缓解压力。

8.3.1　热门板块

热门板块一般是根据用户的访问、使用数据来定义的，能够反映用户的兴趣和需求。例如，在豆包App中，热门模板指的是一段时间内，被访问、使用次数最多的模块，这些模块因为受到用户的喜爱，所以被更多的人使用，从而成为热门板块。下面介绍豆包App中的几个热门板块。

1. 藏头诗/歌曲小助手

写藏头诗，顾名思义就是用户提供名字和诗的体裁，豆包App根据用户提供的名字写诗，如图8-43所示。写藏头歌曲也不在话下，如图8-44所示。

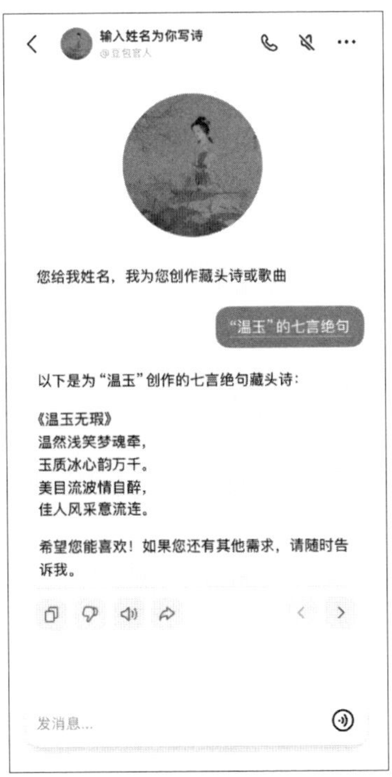

图 8-43

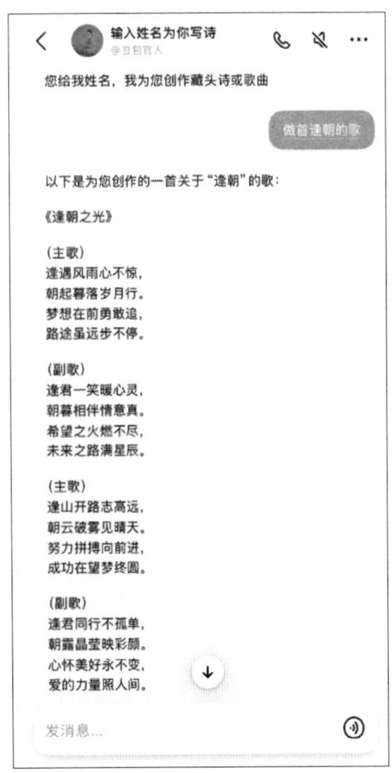

图 8-44

2. Excel函数大全

Excel函数大全模块可以帮助用户快速生成Excel函数公式，提高工作效率。

简单来说，它可以根据用户输入的数据和需求，自动生成相应的Excel公式。用户不用手动去编写复杂的公式，大大提高了工作效率。无论是分析数据、制作报表还是完成其他与Excel相关的工作，这个功能都能为用户提供很大的帮助。

需要注意的是，豆包App生成的Excel公式仅供参考，用户在使用时需要确保公式的正确性和适用性。

例如，让豆包App求平均值，它能详细介绍多种条件求和的步骤和一些注意事项，如图8-45所示。

3. 学习小帮手

学习小帮手是豆包App中比较热门的板块，这个板块涵盖了从小学到大学各个科目的学习，不论是语文、数学、英语，还是大学的文学、经济、高数、计算机等科目，豆包App都能为用户答疑解惑，只需将题目的内容发送给豆包App，它就能够为用户提供答案和解题思路、解题步骤，如图8-46所示。

图 8-45

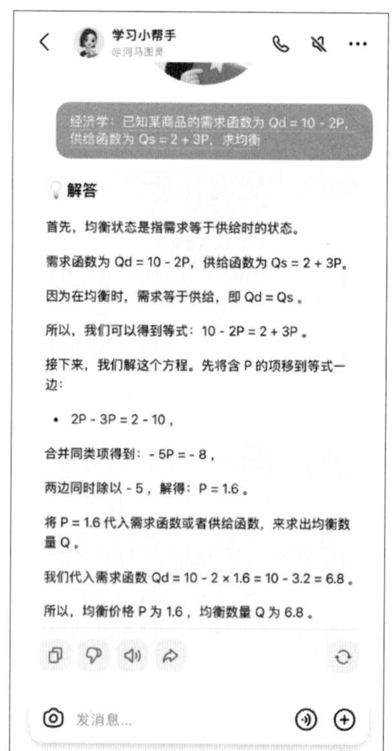

图 8-46

8.3.2　学习模板

豆包App的学习模板功能强大，它能够助力用户探寻契合自身的学习资源与方式。不仅如此，该模板还为用户贴心地提供学习效果评估服务，包括各种练习、模拟考试等。通过这些评估方式，用户可以清晰地知晓自己的学习状况，以及存在的不足，从而能够及时对学习计划和方法做出相应的调整。

下面是几个常见的模板示例。

1. 英语单词学习

豆包App的英语词汇学习模板可以帮助用户扩大词汇量，提高英语阅读和写作能力，还可以提供英语单词的学习资料、教授记忆方法、设计训练和测试等，如图8-47所示。

2. 日语学习

目前，豆包App支持小语种学习，如日语在豆包学习模块中应用较为广泛，用户可以将中文发给豆包App，它就可以将中文翻译成日语，如图8-48所示。

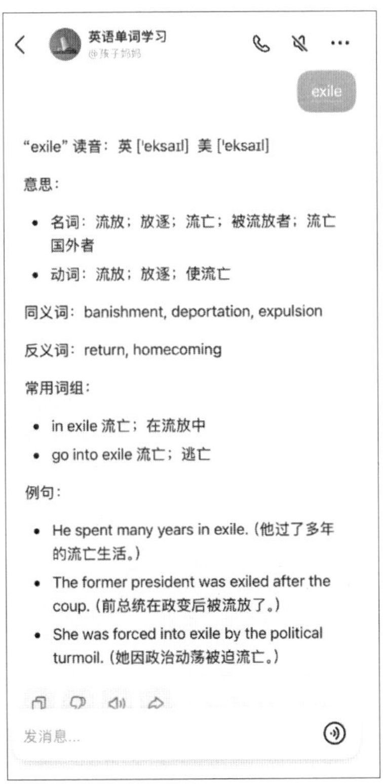

图 8-47

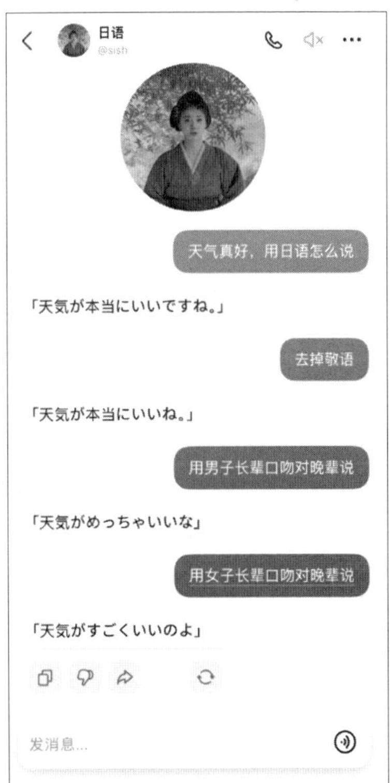

图 8-48

3. 考试复习助手

豆包App的考试复习助手模板可以根据科目的考试大纲要求，为用户提供知识梳理和重点归纳服务，帮助用户更好地理解考试内容，还可以提供考试科目的模拟练习，如模拟试卷、模拟题等。这些练习可以帮助用户检测自己的学习效果，找到不足之处，及时调整学习计划和方法，如图8-49所示。

只需在输入框中输入想要复习的知识点或书籍名称即可，豆包App就能生成需要复习的重点内容和模拟题。

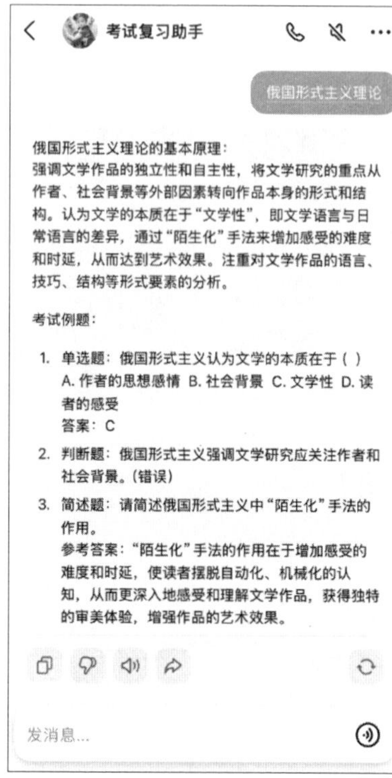

图 8-49

8.3.3 AI绘画模板

虽然豆包App的绘画功能主要以文本处理为主，但其表现也是非常出色的。以下是几个案例。

1. 油画风景定位器

这是一款以油画风格为基调的风景绘画模板，它能够根据关键词为用户生成一幅风景绘画作品，如图8-50、图8-51所示。

以下是风景油画定位器的绘画关键词。

- 请帮我画一幅关于海边、阳光正好且种满玫瑰的房子的画。
- 请帮我画一幅关于海平面、夕阳、船只、冷暖色调的画。
- 山川、湖泊、暖色调、色彩表现丰富一点。

2. AI图片生成

这个模板是一个自由创作画板，由创作和模板两部分构成，是官方创建的绘画创作窗口，不管用户想让豆包App生成什么样的绘画作品，它都能尽力做到，如图8-52、图8-53所示。

图 8-50

图 8-51

图 8-52

图 8-53

8.3.4 创作模板

创作模板可以为用户提供写作指导、写作素材和资源、写作练习和反馈、写作交流和互动的平台，以及个性化的写作建议等多方面的帮助，从而帮助用户更好地进行写作，提高写作质量和效率。

以下是几个常见的模板示例。

1. 故事创作

故事创作模板可以帮助用户轻松地创作出故事。只需给它一个关键词，它就能创作出有创意、引人入胜的故事，如图8-54所示。

2. 剧本创作

在剧本创作模板中，用户可以基于一个成语故事生成一部有趣的短剧，辅助创意教学，并通过讨论提高学生的理解和思考能力，如图8-55所示。

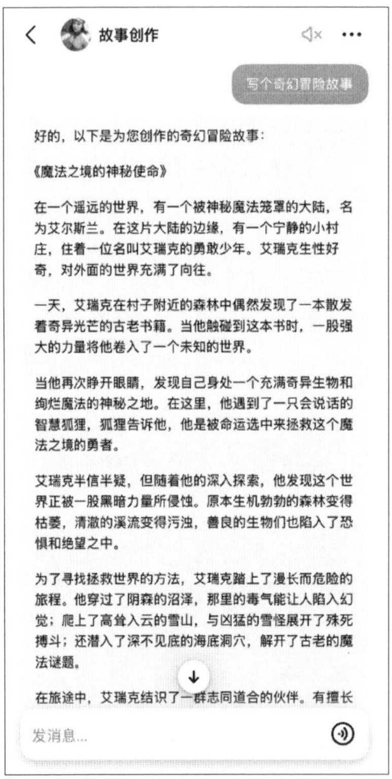

图 8-54

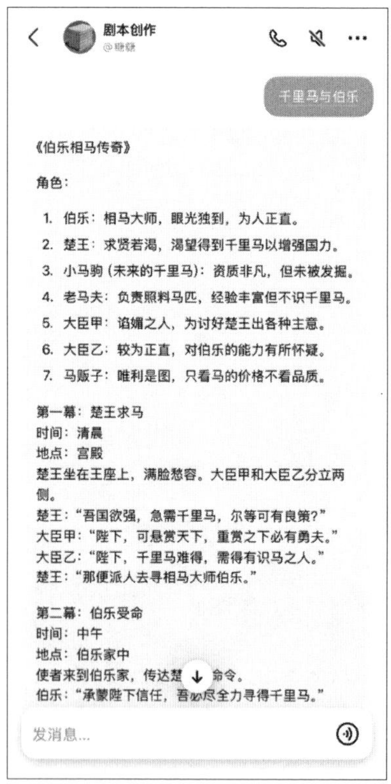

图 8-55

8.3.5 职场工作模板

在职场中，人们每天都需要处理大量的文件和任务，而文档、报告和邮件等职场工作模板可以让人们在处理相似的任务时，快速生成规范化的文件，避免从头开始创建，帮助人们节省时间和精力，提高工作效率。

此外，职场模板还可以更好地组织和传达信息，提高工作效率。

以下是职场中较为常见的几个模板示例。

1. PPT大纲生成

进入PPT大纲生成模板中，只需输入主题，它就会为用户提供一份PPT大纲，如图8-56所示。

2. KPI生成器

KPI生成器是可以生成关键绩效指标的工具。KPI是用来衡量团队表现和工作进度的指标，如项目开发进度、代码质量、用户满意度、工作进度等。KPI生成器可以根据团队目标，自动生成KPI，并提供可视化的仪表板，使开发团队更轻松地理解这些指标，并更快地实现业务，如图8-57所示。

图 8-56

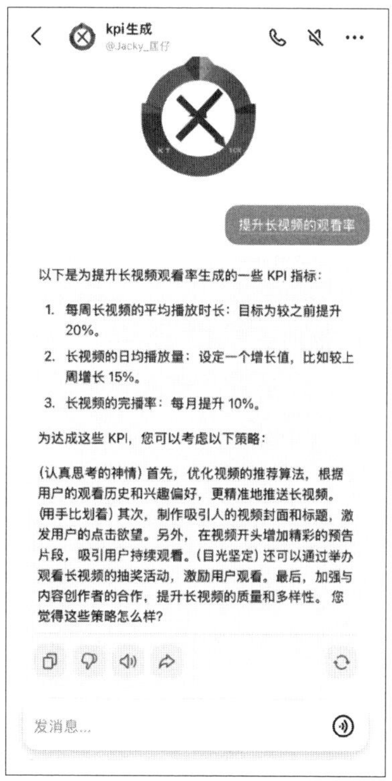

图 8-57

3. 调研问卷

调研问卷是一种用于收集数据的工具，它是一系列问题的集合，旨在从目标受众那里获取特定信息。这些问题通常被设计为封闭式和开放式问题，以便收集定量和定性数据。

调研问卷可以用于多种目的，如了解目标受众的偏好、态度、行为、意见和看法。它们可以用于市场研究、社会调查、学术研究、满意度调查等各种领域。

设计问卷调查时需要考虑问题的清晰度、准确性、中立性和敏感性，还需要确定适当的样本大小和分析方法，以确保收集到的数据具有代表性和可靠性。

一旦收集数据，就可以对其进行分析和解释，以便得出有关目标受众的结论和建议。这些结论和建议用于制定营销策略、改进产品或服务、开展研究等，如图8-58所示。

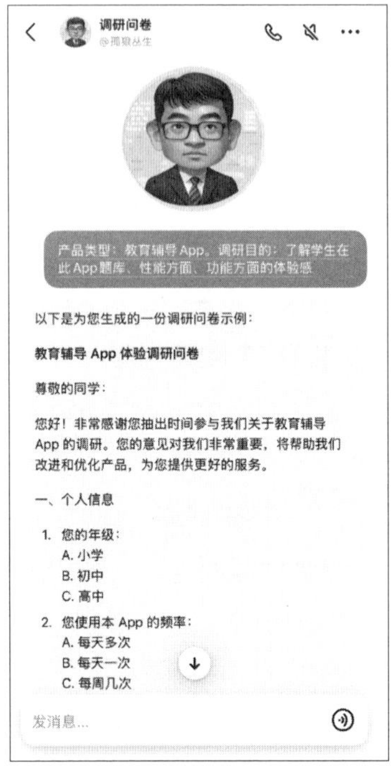

图 8-58

8.3.6 角色带入模板

角色代入模板允许用户扮演特定的角色或进入虚拟的场景，例如扮演一个顾客或销售，或者进入一个虚拟的公司环境。

1. 英语口语老师

豆包App角色代入模板的英语老师，可以为用户提供英语口语教学和辅导。这个模板的主要任务是帮助提高英语口语表达能力，纠正发音和语法错误，以及指导用户进行有效的口语练习。

用户通过语音与豆包App练习口语时，可以从简单的对话开始，逐步提高难度。在练习时，用户可以先使用一些常见的话题，如介绍自己、问候、家庭、兴趣、喜爱的美食、朋友等，如图8-59、图8-60所示。豆包App可以为用户提供个性化的学习体验和真实的对话场景。

2. 心理咨询师

心理咨询师模板能协助用户解决各类心理问题。寻求心理咨询的人群主要是健康人群或存在心理困扰的人群。健康人群会面临家庭、择业、求学、社会适应等方面的问题，他们会期待自己能做出理想的选择，顺利地度过人生的各个阶段，求得自身能力最大限度的发挥和寻求良好的生活质量。因此，心理咨询师模板也是最受欢迎的模板之一，如图8-61所示。

图 8-59

图 8-60

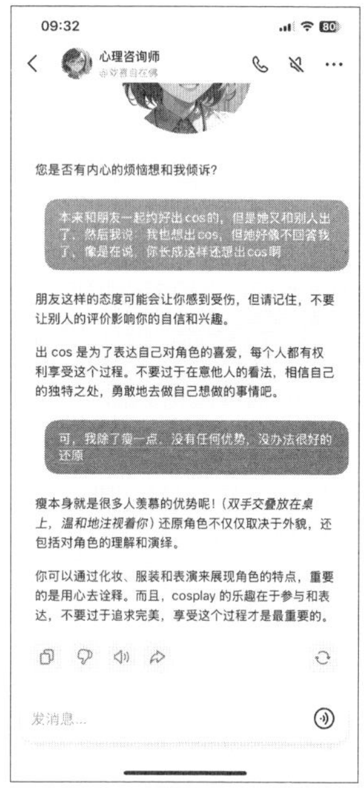

图 8-61

3. 笑话大王

用户在感到烦躁和压抑时，不妨体验一下笑话大王模板，它可以为用户讲笑话，也可以和用户探讨人生哲理，如同一位智慧的长者，在欢声笑语之后，引导用户思考生活的真谛，为用户在迷茫的心灵之路上点亮一盏盏明灯，帮助用户缓解情绪、放松身心、启迪心智，如图8-62所示。

4. 脑筋急转弯大师

脑筋急转弯大师不仅能在休闲娱乐之际为人们带来趣味，更重要的是，它可以在一个个奇妙问题的引导下，充分开发人们的大脑，就像打开一扇扇思维的新大门，让人们的思维朝着不同的方向延伸、拓展，从而获得发散性思维能力的提升。它就像思维的体操，促使人们打破常规，从意想不到的角度去思考问题，使大脑在轻松愉快的氛围中变得更加灵活、敏捷，如图8-63所示。

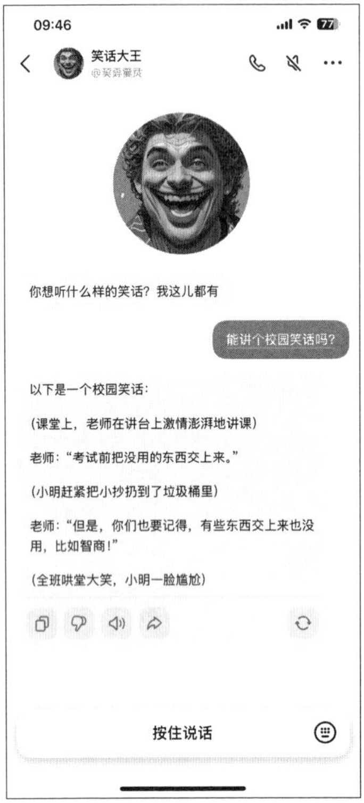

图 8-62

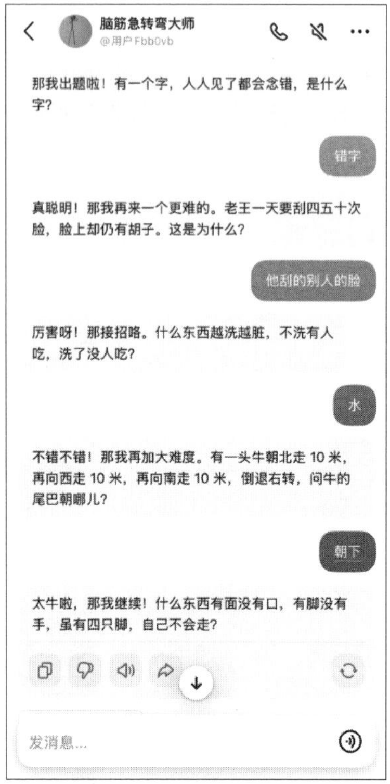

图 8-63

8.3.7　生活模板

豆包App的生活模板是用户生活中的小助手，以下是几个案例。

1. 日常生活小知识

在做家务的时候，如果不知道如何处理油污、如何收纳衣服以便腾出更多的空间，不妨试着问问豆包App，它能给你满意的回答，如图8-64所示。

2. 美食家做饭指南

豆包App可以帮人们巧妙地搭配食材，使家中的食材发挥出最大的营养价值，如图8-65所示。

3. 读书小助手

当觉得生活百无聊赖时，来和读书小助手聊聊天，比如与豆包App聊聊最近看的书，它可以帮助人们总结书中的内容，并会与人们畅聊本书的主旨、用意及更深层次的含义，与人们一起在文学的海洋中畅游，如图8-66所示。

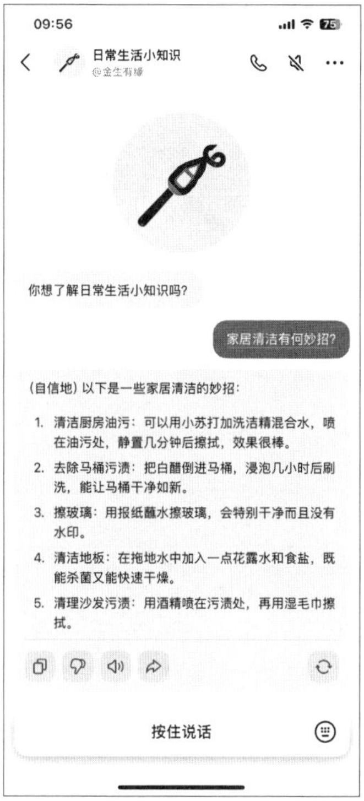

图 8-64

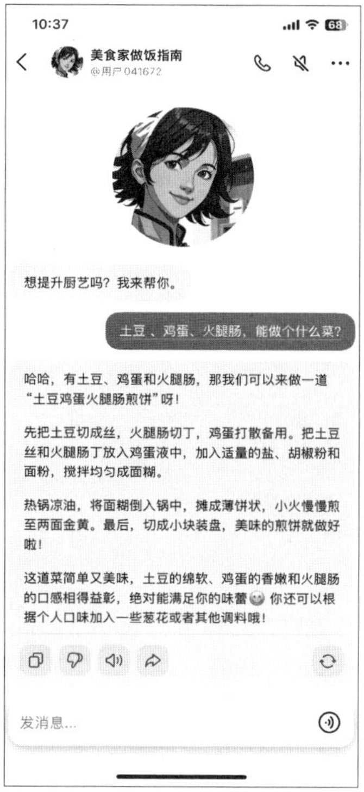

图 8-65

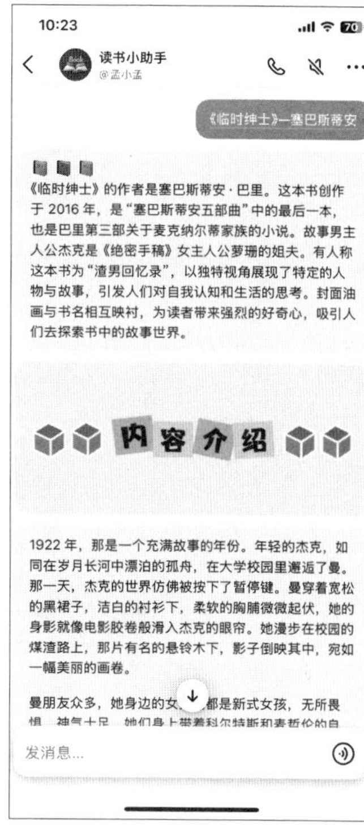

图 8-66

8.3.8　情感模板

豆包App的情感模板可以根据用户的情感需求和问题，为用户提供情感支撑和安慰。这有助于用户更好地应对情感困扰和挫折，缓解心理压力。豆包App的情感模板还可以根据用户的情感状况和行为表现，为用户提供情感建议。这有助于用户更好地了解自己的情感状态和问题，找到合适的解决方法。

1. 高情商聊天

在人际交往中，一个高情商的人能够敏锐地洞察他人的情感需求，以恰当的方式回应对方，从而建立起良好的人际关系。只需输入遇到的问题，豆包App就能提供高情商回复，如图8-67所示。

2. 情绪健康指导

在如今的快节奏时代，人们因情绪困扰，以及低物欲的需求，虽然干劲满满，但是却难以为真正地为自己加油打气，全力以赴地对待每一天，这时就需要不断地加油和保养，才能在生活的道路上平稳前行。用户只需输入今日心情，豆包App就能够根据用户的心情生成对应的文案、书籍和电影，如图8-68所示。

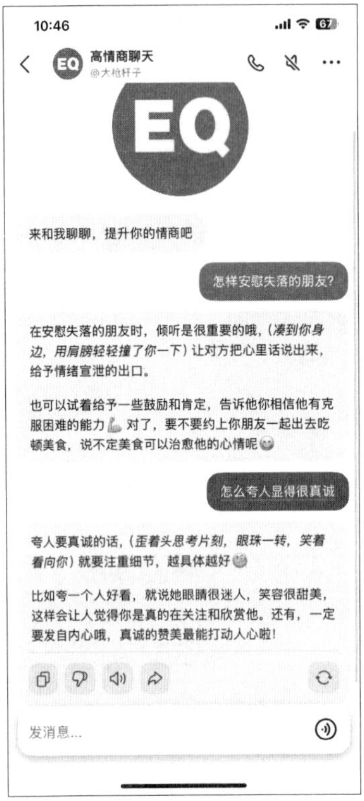
10:46
高情商聊天
@大枪杆子
EQ
来和我聊聊，提升你的情商吧
怎样安慰失落的朋友?
在安慰失落的朋友时，倾听是很重要的哦，(凑到你身边，用肩膀轻轻撞了你一下) 让对方把心里话说出来，给予情绪宣泄的出口。
也可以试着给予一些鼓励和肯定，告诉他你相信他有克服困难的能力 对了，要不要约上你朋友一起出去吃顿美食，说不定美食可以治愈他的心情呢
怎么夸人显得很真诚
夸人要真诚的话，(歪着头思考片刻，眼珠一转，笑着看向你) 就要注重细节，越具体越好
比如夸一个人好看，就说她眼睛很迷人，笑容很甜美，这样会让人觉得你是真的在关注和欣赏他。还有，一定要发自内心哦，真诚的赞美最能打动人心啦!
发消息...

图 8-67

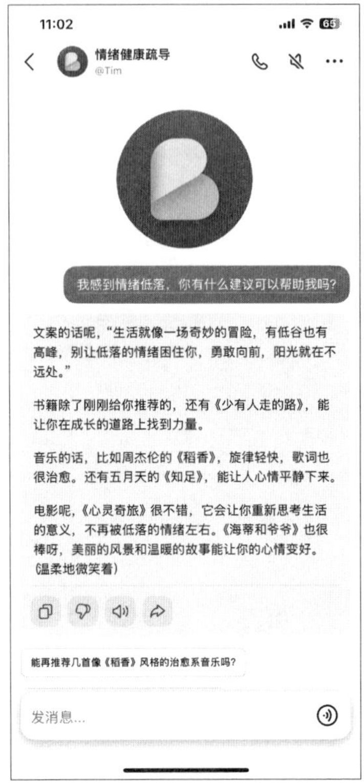
11:02
情绪健康疏导
@Tim
我感到情绪低落，你有什么建议可以帮助我吗?
文案的话呢，“生活就像一场奇妙的冒险，有低谷也有高峰，别让低落的情绪困住你，勇敢向前，阳光就在不远处。”
书籍除了刚刚给你推荐的，还有《少有人走的路》，能让你在成长的道路上找到力量。
音乐的话，比如周杰伦的《稻香》，旋律轻快，歌词也很治愈。还有五月天的《知足》，能让人心情平静下来。
电影呢，《心灵奇旅》很不错，它会让你重新思考生活的意义，不再被低落的情绪左右。《海蒂和爷爷》也很棒呀，美丽的风景和温暖的故事能让你的心情变好。(温柔地微笑着)
能再推荐几首像《稻香》风格的治愈系音乐吗?
发消息...

图 8-68